普通高等教育新工科电子信息类课改系列教材

数据结构实用教程(C 语言版)

(第二版)

主　编　王欣欣　冷玉池

副主编　刘　伟　潘庆先　李湉雨

西安电子科技大学出版社

内 容 简 介

本书系统地介绍了各种常用的数据结构与算法方面的基本知识，并使用 C 语言描述其算法，详细介绍了数据结构的 C 语言表示，及其在 C 语言程序中的应用，从而使学生在深刻理解和掌握数据结构的基础上，灵活运用 C 语言知识解决实际问题。

全书共 8 章，第 1 章介绍了数据结构与算法的一些基本概念；第 2～6 章分别讨论了线性表、栈和队列、串、树和二叉树、图等常用的数据结构及其应用；第 7 章和第 8 章分别介绍了查找和排序，它们都是广泛使用的数据处理技术。全书配有大量的例题和详尽的注释，各章都有不同类型的习题和实验，并配有可执行的 C 语言程序代码。本书的附录给出了各章习题答案与详解。

本书可作为应用型本科院校理工科相关专业学生的教材，也可作为高职高专和成人教育的教材，还可作为高等学校计算机专业硕士研究生入学考试的复习用书，对从事计算机系统软件、应用软件的设计与开发的人员及计算机编程爱好者也有很好的参考价值。

图书在版编目 (CIP) 数据

数据结构实用教程：C 语言版 / 王欣欣，冷玉池主编. —2 版. —西安：西安电子科技大学出版社，2023.4(2024.7 重印)
ISBN 978–7–5606–6772–0

Ⅰ. ①数…　　Ⅱ. ①王…　②冷…　　Ⅲ. ①数据结构—高等学校—教材　②C 语言—程序设计—高等学校—教材　　Ⅳ. ①TP311.12　②TP312.8

中国版本图书馆 CIP 数据核字(2022)第 245396 号

策　　划　毛红兵
责任编辑　刘玉芳
出版发行　西安电子科技大学出版社(西安市太白南路 2 号)
电　　话　(029)88202421　88201467　　邮　　编　710071
网　　址　www.xduph.com　　　　　　电子邮箱　xdupfxb001@163.com
经　　销　新华书店
印刷单位　咸阳华盛印务有限责任公司
版　　次　2023 年 4 月第 2 版　　2024 年 7 月第 3 次印刷
开　　本　787 毫米×1092 毫米　1/16　印　张　13.5
字　　数　315 千字
定　　价　38.00 元
ISBN 978–7–5606–6772–0
XDUP 7074002–2
如有印装问题可调换

前　言

在科技高速发展的信息时代，计算机是处理信息的主要工具，计算机知识已成为人类当代文化的一个重要组成部分，它的应用也已从传统的数值计算领域发展到各种非数值计算领域。在非数值计算领域里，数据处理的对象已从简单的数值发展到一般的符号，进而发展到具有一定结构的数据。然而，现今面临的主要问题是：针对每一种新的应用领域的处理对象，如何选择合适的数据表示(结构)，如何有效地组织计算机存储，以及在此基础上如何有效地实现对象之间的"运算"关系。传统的数值计算的许多理论、方法和技术已不能满足非数值计算问题的需要，必须进行新的探索。数据结构就是研究和解决这些问题的重要基础理论，因此，"数据结构"课程是计算机类专业一门重要的专业基础课。它涉及在计算机中如何有效地表示数据、合理地组织和处理数据，还涉及初步的算法设计和算法性能分析技术。学好数据结构课程，将为后续的专业课程，如数据库系统、操作系统、编译原理等打下良好的知识基础，而且还为软件开发和程序设计提供了必要的技能训练。

本书按照教育部高等学校计算机基础课教学指导分委员会的《数据结构基本教学要求》编写。本书结合作者多年的实践教学经验，针对学生在利用数据结构编程解决实际问题时困难较大这一情况，更新教学内容和方法，以 C 语言为工具，系统介绍数据结构的知识与应用，因此，本书要求学生在 C 语言编程、程序设计方法方面有一定基础。

本书内容由浅入深，简明扼要，通俗易懂，重点突出，语言简练流畅。书中算法全部采用 C 语言进行描述，很容易转换成程序，可读性好，应用性强，便于教与学，有利于学生理解和掌握数据结构中数据表示和数据处理的方法，适应新形势下普通高等院校学生的特点。

本书将数据结构理论和 C 语言编程有机地融合起来，可激发学生的学习兴趣，提高学生解决实际问题的程序设计能力。全书配有大量的例题和详尽的注释，且各章都有不同类型的习题、实验，并配有可执行的 C 程序代码，增强了编程的趣味性。为方便读者学习，本书部分知识点配有教学视频和题库资源，详情见国家智慧教育公共服务平台—智慧高教(smartedu.cn)在线课程平台。

参与本书编写工作的教师都有近二十年数据结构及计算机课程的教学经历，教学经验丰富。他们不仅积累了多年的实践教学经验，还参与过大量的科研实践，从而保证本书既能反映本领域基础性、普遍性的知识，保持内容的相对稳定性，又能紧随科技的发展及时调整、更新内容。

　　2022 年 10 月 16 日，中国共产党第二十次全国代表大会胜利召开。习近平主席在会上做了《高举中国特色社会主义伟大旗帜　为全面建设社会主义现代化国家而团结奋斗》的报告，全国掀起了学习二十大精神的热潮。为了贯彻落实《中共中央关于认真学习宣传贯彻党的二十大精神的决定》，国家教材委员会办公室发布了《关于做好党的二十大精神进教材工作的通知》(国教材办〔2022〕3 号)，山东省教育厅发布了《山东省教育厅(中共山东省委教育工委)办公室关于做好党的二十大精神进教材工作的通知》(鲁教厅办函〔2023〕2 号)。为贯彻通知精神，作者将党的二十大精神融入到本书的相关知识点中，积极做好课程思政，推动党的二十大精神进课堂、进头脑，为实现中国自主培养卓越拔尖人才的目标添砖加瓦。

　　因编者水平有限，书中不当之处在所难免，恳请读者和同行批评指正，联系方式 caomuxinxin@163.com。

编　者
2022 年 12 月

教学团队及教学方法

目　　录

第1章 绪 论

 学习目标

1. 熟悉数据结构、算法等名词术语的含义，掌握数据结构的基本概念，特别是数据的逻辑结构和存储结构之间的关系。
2. 理解抽象数据类型的定义、表示和实现方法。
3. 理解算法的定义及特性的确切含义。
4. 掌握算法的时间复杂度计算方法。

"数据结构"是计算机程序设计中一门重要的理论技术基础课程，它不仅是计算机学科的核心课程，而且也是其他理工科专业的热门选修课。"数据结构"不仅涉及计算机硬件(特别是编码理论、存储装置和存取方法等)的研究范围，而且和计算机软件的研究有密切的关系。"数据结构"是介于数学、计算机硬件和计算机软件三者之间的一门核心课程。著名计算机科学家沃思教授提出的公式：程序 = 算法 + 数据结构，也说明了数据结构的重要性。

1.1 什么是数据结构

什么是数据结构

简单地说，数据结构是一门研究非数值计算的程序设计问题中，计算机的操作对象以及它们之间的关系和操作等的学科。下面通过三个例题对数据结构概念进行说明。

例 1.1 学生信息表。表 1.1 所示是一种数据结构，表中的每一行是一个记录(计算机操作的对象)，记录由学号、姓名、班级、性别和出生年月等数据项组成。在这种数据结构中，计算机的主要操作是按照某个特定要求(如给定学号)对信息表进行查询的，计算机处理的对象间存在一种线性关系，称为线性数据结构。

表 1.1 学 生 信 息 表

学号	姓名	班级	性别	出生年月
201457506116	王浩	光 126	男	1996.1
201457506117	杨帅	光 126	男	1996.10
201457506118	高波	光 126	男	1995.1
…	…	…	…	…

例 1.2 计算机和人对弈问题。计算机之所以能和人对弈是因为对弈的策略事先已存入计算机。由于对弈的过程是在一定规则下随机进行的，为使计算机能灵活对弈，就必须把对弈过程中所有可能发生的情况以及相应的对策都考虑周全。在对弈中，计算机操作的对象是对弈过程中可能出现的棋盘状态(称为格局)，格局之间的关系是由比赛规则决定的。通常，这个关系不是线性的，从一个棋盘格局可以派生出几个格局，例如从图 1.1(a)所示的棋盘格局可以派生出 5 个格局，如图 1.1(b)所示。若将从对弈开始到结束过程中所有可能出现的格局都画在一张图上，则可得到一棵倒长的"树"，称为树型数据结构。

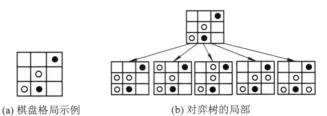

(a) 棋盘格局示例 (b) 对弈树的局部

图 1.1 井字棋对弈"树"

例 1.3 制订教学计划。在制订教学计划时，需要考虑各门课程的开设顺序。有些课程需要先导课程，有些课程则不需要，而有些课程又是其他课程的先导课程。如某高校计算机专业必修课程的开设情况如表 1.2 所示。

表 1.2 课 程 表

课程编号	课程名称	先修课
C1	程序设计基础	无
C2	离散数学	C1
C3	数据结构	C1，C2
C4	汇编语言	C1
C5	语言设计和分析	C3，C4
C6	计算机原理	C11
C7	编译原理	C3，C5
C8	操作系统	C3，C6
C9	高等数学	无
C10	线性代数	C9
C11	普通物理	C9
C12	数值分析	C1，C9，C10

可将这些课程的先后关系用图 1.2 所示的形式描述。

图 1.2 中，用圆圈代表课程，圆圈中的字符代表课程的编号，称为顶点。若某门课程在开设之前必须先修另一门课程，则在这两个顶点之间就有一条由先导课程指向该课程的有向弧，这种结构被称为图形结构。通过对图形结构的操作，就可以得到一种课程的线性排列顺序，该顺序一定能够满足先导课程在后序课程前开设的要求。

综合上述 3 个例子可见，描述这类非数值计算问题的数学模型不再是数学方程，而是诸如表、树和图之类的数据结构。

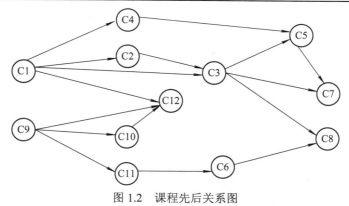

图 1.2 课程先后关系图

1.2 基本概念和术语

本节将对一些常用的概念和术语进行介绍，这些概念和术语在以后的章节中会多次出现。

基本概念和术语

1. 数据(Data)

数据是对客观事物的符号表示，在计算机科学中是指能够被计算机识别、存储和加工处理的符号总称，是计算机程序加工的原料。计算机程序处理各种各样的数据，可以是数值数据，如整数、实数或复数；也可以是非数值数据，如字符、文字、图形、图像、声音和视频等。

2. 数据元素(Data Element)和数据项(Data Item)

数据元素是数据的基本单位，在计算机程序中通常被作为一个整体进行考虑和处理。数据元素有时也被称为元素、结点、顶点、记录等。一个数据元素可由若干个数据项组成。数据项是不可分割的、具有独立意义的最小数据单位。例如，例 1.1 中学生信息表中的一条记录就是一个数据元素，这条记录中的学号、姓名、性别、班级、出生年月等字段就是数据项。

3. 数据对象(Data Object)

数据对象是性质相同的数据元素的集合，是数据的一个子集。例如，整数数据对象是集合 N = {±1，±2，…}，字母字符数据对象是集合 C = {'A'，'B'，'C'，…，'Z'}。

4. 数据结构(Data Structure)

数据结构是相互之间存在一种或多种特定关系的数据元素的集合。在任何问题中，数据元素之间都不是孤立的，而是存在着一定的关系，这种关系称为结构(Structure)。根据数据元素之间关系的不同特性，通常有四类基本数据结构：① 集合，如图 1.3(a)所示，该结构中的数据元素除了存在"同属于一个集合"的关系外，不存在任何其他关系。集合中元素的关系极为松散，可用其他数据结构来表示。② 线性结构，如图 1.3(b)所示，该结构中的数据元素存在着一对一的关系。③ 树型结构，如图 1.3(c)所示，该结构中的数据元素存在着一对多的关系；④ 图状结构或网状结构，如图 1.3(d)所示，该结构中的数据元素存在着多对多的关系。

数据结构的形式可用一个二元组 Data_Structure = (D，S)表示，其中，D 是数据元素的有限集，S 是 D 上关系的有限集。下面举两个简单例子说明。

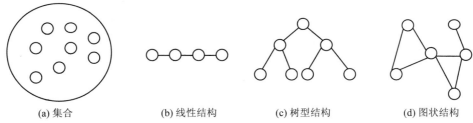

图 1.3　四类基本数据结构关系图

例 1.4　表 1.1 的数据结构。

StudentInfo = (D，S)

其中，D 是光 126 班级全体学生集合 D = {Stu_1，Stu_2，…，Stu_n | n 为班级人数}。S 是定义在集合 D 上的一种关系 S = {<Stu_i，Stu_{i+1}> | i=1，2，…，n}，有序偶<Stu_i，Stu_{i+1}>表示学号相邻。

例 1.5　表 1.2 的数据结构。

TeachPlan=(D，S)

其中，D 是计算机专业必修课程集合 D = {C1，C2，…，C12}。S 是定义在集合 D 上的一种关系 S = {<C1，C4>，<C1，C2>，<C1，C3>，<C1，C12>，…| 共 16 对}，有序偶表示课程的先导关系，例如<C1，C4>表示"程序设计基础"是"汇编语言"的先导课程。

上述数据结构定义中的"关系"描述的是数据元素之间的逻辑关系，因此又称为数据的逻辑结构。讨论数据结构的目的是在计算机中实现对它的操作，因此还需研究它如何在计算机中表示。

数据结构在计算机中的具体存储(又称映像)称为数据的物理结构，又称存储结构。它包括数据元素的表示和逻辑关系的表示。数据元素之间的关系在计算机中有两种不同的表示方法：顺序映像和非顺序映像，并由此得到两种不同的存储结构，顺序存储结构和链式存储结构。数据的逻辑结构和存储结构是密切相关的两个方面，任何一个算法的设计取决于数据的逻辑结构，而算法的实现依赖于采用的存储结构。

如何描述存储结构呢？由于本书是在高级程序语言的层次上讨论数据结构的操作的，因此，可以借用高级程序语言中提供的"数据类型"来描述存储结构。例如可以用所有高级程序语言中都有的"一维数组"类型来描述顺序存储结构，以 C 语言提供的"指针"来描述链式存储结构。

5．抽象数据类型(Abstract Data Type，ADT)

抽象数据类型是指一个数学模型及定义在该模型上的一组操作。它可以看作数据的逻辑结构及在此结构上定义的一组操作。

ADT 只指出数据的逻辑结构及其操作，至于该逻辑结构以何种存储方式实现，以及这些操作如何实现等细节对用户来说是隐蔽的，并且通过封装来阻止外部对抽象数据类型直接访问。所以，ADT 实际上是数据结构作为一个软件组件的实现。

对一个 ADT 的定义就是约定它的名字，约定在该类型上定义的一组操作的名字，明确各操作要多少个参数，这些参数是赋值参数还是引用参数，指明各操作的初始条件与操作结果。一旦定义清楚，就可十分简便地引用该 ADT。

本书采用以下格式定义抽象数据类型：

ADT 抽象数据类型名{

数据对象：数据对象的定义

数据关系：数据关系的定义

基本操作：基本操作的定义

}

其中，数据对象和数据关系的定义用伪码描述，基本操作用函数描述。基本操作有两种参数：赋值参数和引用参数，其中赋值参数只为操作提供输入值；引用参数以&打头，除可提供输入值外，还将返回操作结果。

一个含抽象数据类型的软件模块通常应包含定义、表示和实现三个部分。

例 1.6 抽象数据类型矩形的定义。

一个矩形必须具备长度和宽度，因此，矩形的抽象数据类型的基本数据项应该是矩形的长(Length)和宽(Width)。对矩形的基本操作包括：构造矩形长度、求矩形的周长、求矩形的面积。

ADT Rectangle{

数据对象：D={ Length，Width │ ∈实数}

数据关系：R={< Length，Width >}

基本操作：

InitRectangle(Rectangle &rec, h, w)

操作结果：构造了一个矩形，矩形的长和宽分别被赋予参数 h、w 的值。

GetPerimeter(Rectangle rec, &e)

初始条件：矩形 rec 存在；

操作结果：用 e 返回 rec 的周长。

GetArea(Rectangle rec, &e)

初始条件：矩形 rec 存在；

操作结果：用 e 返回 rec 的面积。

}

抽象数据类型和数据类型实质是同一个概念。例如，整数类型是一个 ADT，其数据对象是指能容纳的整数，基本操作有加、减、乘、除和取模等。抽象数据类型比通常的数据类型范畴更广，比如用户可以把线性表、栈等更复杂的数据结构定义为抽象数据类型。由于抽象数据类型是数据结构作为软件组件的实现，能提高软件的复用率，所以抽象数据类型在操作系统、数据库系统等大型系统软件和应用软件的设计中得到了广泛的应用。

1.3 抽象数据类型的表示与实现

抽象数据类型可通过固有数据类型来表示和实现，并用已经实现的操作来组合新的操作。由于本书是在高级程序设计语言的层次上讨论抽象数据类型的表示和实现、数据结构及其算法的实现及验证，前后涉及的代码比较多，放在一起比较烦琐，算法的重点也不突出，故采用分模块的方法把需要的公共文件做成一个模块。现作简要说明。

1．预定义常量、类型和所需要的头文件

```
#include<string.h>
#include<ctype.h>
#include<malloc.h>          // malloc()等
#include<stdio.h>           // EOF(=^Z 或 F6)，NULL
#include<math.h>            // floor(),ceil(),abs()
#include<process.h>         // exit()
#define TRUE 1              //函数结果状态代码
#define FALSE 0
#define OK 1
#define ERROR 0
#define INFEASIBLE -1
typedef int Status;         // Status 是函数的类型，其值是函数结果状态代码，如 OK 等
typedef int Boolean;        // Boolean 是布尔类型，其值是 TRUE 或 FALSE
typedef int ElemType;       // 本书中数据元素类型约定为 ElemType，用户在使用该数据
                            // 类型时也可自行定义
```

本书把以上的代码作为一个独立的头文件，命名为 head1-1.h，以便被后续章节的程序使用。

2．存储结构的描述

本书中对数据结构的存储结构的表示采用 C 语言中的 typedef 类型定义进行描述。

例 1.7　抽象数据类型 Rectangle 的实现。

```
typedef struct{
    float Height;
    float Width;
}Rectangle;//矩形抽象数据类型存储结构的描述
void InitRectangle(Rectangle &rec, float h, float w)
{
    rec.Height=h;   //操作结果：初始化矩形，长为 h，宽为 w
    rec.Width=w;
}
void GetPerimeter(Rectangle rec, float &pre)
{                                       //初始条件：矩形存在
 pre=rec.Height*2+rec.Width*2;          //操作结果：pre 返回矩形的周长
}
void GetArea(Rectangle rec, float &area)    //初始条件：矩形存在
{
```

```
            area=rec.Height*rec.Width;              //操作结果：area 返回矩形的面积
    }
    #include "stdio.h"
     int main()                                     //用主程序检验 3 个基本操作是否完成其功能
    {
        float e;
        Rectangle rect;
        InitRectangle(rect, 4.5, 5.5);             //构造一个长为 4.5 m，宽为 5.5 m 的矩形
        GetPerimeter(rect, e);                     //用 e 返回该矩形的周长
        printf("该矩形周长为: %f\n", e);
        GetArea(rect, e);                          //用 e 返回该矩形的面积
        printf("该矩形面积为: %f\n", e);
        return 0;
    }
```

1.4 算法和算法分析

算法与数据结构和程序的关系非常密切。进行程序设计时，首先要确定相应的数据结构，然后再根据数据结构和问题的需要设计相应的算法。由于篇幅所限，下面只从特性、要求和时间复杂度等三个方面对算法进行介绍。

1.4.1 算法的特性

算法(Algorithm)是对某一特定类型的问题求解步骤的一种描述，是指令的有限序列，其中每条指令表示一个或多个操作。一个算法应该具备以下 5 个特性：

(1) 有穷性：一个算法总是在执行有穷步之后结束，即算法的执行时间是有限的。

(2) 确定性：算法的每一个步骤都必须有确切的含义，即无二义，并且对于相同的输入只能有相同的输出。

(3) 输入：一个算法具有零个或多个输入。输入是在算法开始之前给出的量，这些输入是数据结构中的数据对象。

(4) 输出：一个算法具有一个或多个输出，并且这些输出与输入之间存在着某种特定的关系。

(5) 可行性：算法中的每一步都可以通过已经实现的基本运算的有限次运行来实现。

算法的含义与程序非常相似，但二者有区别。一个程序不一定满足有穷性，例如操作系统，只要整个系统不遭破坏，它将永远不会停止；一个程序只能用计算机语言来描述，程序中的指令必须是机器可执行的，而算法不一定用计算机语言来描述，自然语言、框图、伪代码都可以描述算法。

本书将尽可能采用 C 语言来描述和实现算法，使读者能够阅读或上机执行，以便更好地理解算法。

1.4.2 算法设计的要求

通常设计一个"好"的算法应考虑达到以下目标：

(1) 正确性：算法的执行结果应当满足预先规定的功能和性能的要求，这是评价一个算法最重要和最基本的标准。算法的正确性还包括对于输入、输出处理进行明确而无歧义的描述。

(2) 可读性：算法主要是为了人阅读和交流，其次才是机器的执行。一个算法应当思路清晰、层次分明、简单明了、易读易懂。即使算法已转变成机器可执行的程序，也需要考虑人能较好地阅读和理解。同时，一个可读性强的算法也有助于排除算法中隐藏的错误和移植算法。

(3) 健壮性：一个算法应该具有很强的容错能力，当输入不合法的数据时，算法应当能做适当的处理，不至于引起严重的后果。健壮性要求算法要全面细致地考虑所有可能出现的边界情况和异常情况，并对这些边界情况和异常情况做出妥善的处理，尽可能避免算法发生意外的情况。

(4) 高效率与低存储量需求：一般而言，效率是指算法执行的时间。对于同一个问题，如果有多个算法可以解决，则执行时间短的算法效率高。存储量需求是指算法执行过程中所需要的最大存储空间。效率与存储量需求两者都与问题的规模有关，好的算法应该在具有高效率的同时，存储量需求也较低。

1.4.3 算法的时间复杂度

一个算法的时间复杂度是指该算法的运行时间与问题规模的对应关系。一个算法是由控制结构和原操作构成的，其执行的时间取决于二者的综合效果。

为了便于比较同一问题的不同算法，通常把算法中基本操作重复执行的次数(频度)作为算法的时间复杂度。算法中的基本操作一般是指算法中最深层循环内的语句，因此，算法中基本操作语句的频度是问题规模 n 的某个函数 $f(n)$，记作 $T(n) = O(f(n))$。其中"O"表示随问题规模 n 的增大，算法执行时间的增长率和 $f(n)$ 的增长率相同，或者说，用"O"符号表示数量级的概念。例如 $T(n) = 0.5n(n-1)$，则 $0.5n(n-1)$ 的数量级与 n^2 相同，所以 $T(n) = O(n^2)$。

如果一个算法没有循环语句，则算法中基本操作的执行频度与问题规模 n 无关，记作 $O(1)$，也称为常数阶。如果算法只有一个一重循环，则算法的基本操作的执行频度与问题规模 n 呈线性增加关系，记作 $O(n)$，也叫线性阶。常用的还有平方阶 $O(n^2)$、立方阶 $O(n^3)$ 和对数阶 $O(lnb)$，注：$lnb = \log_2 n$)等。

例 1.8 分析以下程序的时间复杂度。

```
x=n;                    //n>1
y=0;
while (y<x)
{
    y = y+1;            // 语句①
}
```

这是一个一重循环的程序，while 循环的循环次数为 n，所以，该程序段中语句①的频度为 n，则程序段的时间复杂度为 T(n) = O(n)。

例 1.9 分析以下程序的时间复杂度。

```
for (i=1; i<n; ++i )
{
    for (j=1, j<n; ++j)
        A[i][j]=i*j;          // 语句①
}
```

这是一个二重循环的程序，外层 for 循环的循环次数为 n，内层 for 循环的循环次数为 n，所以，该程序段中语句①的频度为 n^2，则程序段的时间复杂度为 T(n) = O(n^2)。

例 1.10 分析以下程序的时间复杂度。

```
x=n;
y=0;
while (x>=(y+1)*(y+1))
{
    y=y+1; // 语句①
}
```

这是一个一重循环的程序，while 循环的循环次数为 $n^{1/2}$，所以，该程序段中语句①的频度为 $n^{1/2}$，则程序段的时间复杂度为 T (n) =O($n^{1/2}$)。

例 1.11 分析以下程序的时间复杂度。

```
for(i=1; i<=n; i++)
    for(j=1; j<=n; j++)
    {   A[i][j]=0;
        for(k=1; k<=n; k++)
            A[i][j]+= A[i][k]* A[k][j];
    }
```

整个算法的执行时间与该基本操作(乘法)重复执行的次数 n^3 成正比，故程序段的时间复杂度为 T(n) = O(n^3)。

1.5　算法与数据结构的 C 语言描述

描述数据结构与算法的语言可以有多种，如 C 语言、C++语言、Java 语言和 Python 语言等，本书采用 C 语言来描述算法与数据结构。C 语言的优点是数据类型丰富，语句精练，使用灵活。用 C 语言描述算法可使整个算法结构紧凑，可读性强。用 C 语言描述算法时，常用到指针、结构体数据类型和存储空间分配函数，而这部分内容是 C 语言的难点，因此本书用一些篇幅进行介绍。

1.5.1　指针变量

C 语言指针变量是一个 type*类型的变量，其中 type 为任一已定义的数据类型。指针变

量是用于存放数据元素的存储地址。例如:

```
int k,n,*p;
n=8;
p=&n;//& 是取变量地址运算符，指针变量 p 值为变量 n 的地址
k=*p;//* 是间接运算符，*p 就是内存地址为 p 值的存储单元，存放的值即 n
```

其中，p 是一个指向 int 型的指针。它通过间接引用指针来存取指针所指向的变量。

1.5.2 函数与参数传递

1. 函数

C 语言中的函数定义包括 4 个部分:返回类型、函数名、形参表和函数体。函数的使用者通过函数名来调用函数。调用函数时，将实参传递给形参作为函数的输入，函数体中处理程序实现函数的功能，最后将得到的结果作为返回值输出。

例如，下面是一个简单的 max 函数。

```
int max(int a,int b) //返回两个值中的较大值
{
return (a>b?a:b);
}
int main()
{
int x,y,t;
scanf("%d %d"&x,&y);//输入 x 和 y 值
t=max(x,y);//函数调用
printf("max=%d\n",t);
return 0;
}
```

2. 参数传递

在 C 语言中调用函数时，传递给形参的实参必须与形参在类型、个数和顺序上保持一致。参数传递有三种方式。第一种是值传递方式，在这种方式下，把实参值的拷贝(副本)传递到函数局部工作区中。函数使用实参的拷贝(副本)执行必要的计算，因此函数实际修改的是实参拷贝(副本)的值，实参的值不变。例如函数:

```
void swap_1(int a, int b) //传值函数 swap_1
{
int temp;
temp=a;
a=b;
b=temp;
}
```

第二种是地址传递方式，在这种方式下，需将形参声明为指针类型。当一个实参与一

个指针类型的形参结合时，被传递的不是实参本身，而是实参的地址。在被调用函数内通过该地址来存取被引用的实参。执行函数调用后，实参的值将发生改变。例如：

```
void swap_2(int *a, int *b) //传地址函数 swap_2
{
int temp;
temp=*a;
*a=*b;
*b=temp;
}
```

其中，如果想交换两个变量的值(int x=1,y=2;)，调用 swap_2 函数时，应该形如 swap_2(&x,&y) 才能交换实参 x 和 y 的值。在 C 语言中，数组参数的传递属于类似情况，数组作为形参声明后，调用时把实参数组名(或指针)传递给形参数组时，实际传递的是数组第一个元素的地址，因此在函数体内对形参数组所进行的任何改变都会在实参数组中反映出来。

第三种是引用传递方式，在这种方式下，可以将形参声明为任意类型的引用，即在形参变量名前加 "&" 符号即可。调用函数时，实参形参结合时，在被调用函数内可以直接修改实参的值。执行函数调用后，实参的值将发生改变。这种方式比较直观，容易理解，因此，本书中的算法如果需要修改实参的值，形参就采用引用传递方式。例如：

```
void swap_3(int &a, int &b) //传引用函数 swap_3
{
int temp;
temp=a;
a=b;
b=temp;
}
```

什么是引用参数

其中，如果想交换两个变量的值(int x=1,y=2;)，调用 swap_3 函数时，直接写成 swap_3(x,y) 即可。下面的程序代码分别验证这三个函数的效果。

```
#include"stdio.h"
int main()
{
int a=1,b=2,c=3,d=4,e=5,f=6;
swap_1(a,b);          //调用传值函数，不能改变实参 a、b 值
printf("a=%d b=%d\n",a,b);
swap_2(&c, &d);        //调用传地址函数，间接改变实参 c、d 值
printf("c=%d d=%d\n",a,b);
swap_3(e,f);          //调用传引用函数，直接改变实参 e、f 值
printf("e=%d f=%d\n",a,b);
return 0;
}
```

在本段函数中，一定要注意 3 个函数调用中实参的格式。

在 max(int a, int b)和 swap_1(int a, int b)等函数中的形参中都要明确指定参数 a 和 b 的类型是 int。而对于其他类型的数据，如 long 或 double，完成同样的功能就需要重写相应的函数。例如，对于 double 数据类型可以将函数 max 重写为

```
double max(double a, double b)
{
 return (a>b?a:b);
}
```

如何将函数表示成与数据类型无关的形式？一般来说有多种不同方式。最简单的一种方式是用 typedef 来定义一个一般的数据类型，用这个数据类型来定义函数。在对具体数据类型调用函数时，只要在 typedef 中指明数据类型即可。例如，用 typedef 来定义一个一般的数据类型 num 如下：

```
typedef int num;
num max(num a, num b)
{
return (a>b?a:b);
}
```

如果要对数据类型 double 调用函数 max，只要在 typedef 所在行中将 int 改成 double 即可，无须改变函数 max。

1.5.3　结构体

1. 定义结构体及变量

C 语言的结构体为自定义数据类型提供了灵活方便的方法，可用于实现抽象数据的思想。

结构体由关键字 struct、结构体名和数据成员组成。结构体定义的标准形式如下：

```
struct 结构体名
{
    数据成员列表;
};
```

例如，定义一个学生类型的结构体如下：

```
struct Student
{
int num;
char name[20];
char sex;
int age;
};
```

定义结构体类型后，可以定义结构体变量，以便在程序中使用。结构体变量中的数据成员可以通过 "." 运算符进行引用。下面的程序代码演示了结构体变量和结构体数组的定义使用。

```
#include"string.h"              //字符串处理的函数库
int main()
{
struct Student    wh;          //定义结构体变量 wh
struct Student    Myclass[10]; //结构体数组，可以存储 10 个学生
int i;
wh.num=2020123;               //给结构体变量的数据成员赋值
strcpy(wh.name, "wanghong");  //调用 strcpy 函数，给 name 数据成员赋值
wh.sex='w';
wh.age=18;
for(i=0;i<10;i++)             //通过键盘输入 10 个学生的信息
{
 printf("输入第%d 个学生的信息\n",i);
 scanf("%d%s%c%d",Myclass[i].num, Myclass[i].name, Myclass[i].sex, Myclass[i].age);
}
for(i=0;i<10;i++)            //将 10 个学生的信息输出
{
 printf("%d%s%c%d\n",Myclass[i].num, Myclass[i].name, Myclass[i].sex, Myclass[i].age);
}
return 0;
}
```

2．指向结构体的指针

指向结构体的指针是指相应的结构体变量所占据的内存空间的首地址。例如，定义指向学生类型的结构体指针变量如下：

```
struct Student *pstu;
```

3．用 typedef 定义新数据类型

关键字 typedef 通常与结构体一起用于定义新数据类型。下面是用 typedef 和结构体定义数据类型 Complex 的例子。

```
typedef struct Complex
{
 double real；        //复数的实部数据成员
 double image；       //复数的虚部数据成员
} Complex；
```

这样就可以用 Complex 定义复数类型的变量了，例如：

```
Complex cplx；
```

4．访问结构体变量的数据成员

对于结构体类型的变量，用圆点运算符(.)访问结构体变量的数据成员。指向结构体的指针类型变量用箭头运算符(->)访问结构体变量的数据成员。例如：

```
typedef struct Complex
{
  double real;                //复数的实部数据成员
  double image;               //复数的虚部数据成员
} Complex;
#include"stdio.h"
int main()
{
Complex cpl;                  //定义结构体变量
Complex *pcpl;                //定义结构体指针变量
cpl.real=3.1;
cpl.image=4.1;
pcpl->real=3;
pcpl->image=4;
printf("%f +%fi % f+%fi\n" cpl.real, cpl.image, pcpl->real, pcpl->image);
return 0;
}
```

1.5.4　动态存储空间分配

1．动态存储分配函数 malloc()和 free()

在 C 语言标准库 malloc.h 中，函数 void *malloc(unsigned int size)用于分配 size 字节的存储空间，并返回该空间的首地址(指针)，在具体应用时，需要把返回的首地址强制转化为自定义数据类型的指针。void free(void *ptr)函数用于释放 ptr 指向的存储空间。

2．动态一维数组

为了在程序运行时创建一个大小可动态变化的一维自定义类型数组，可以先声明一个自定义类型的指针变量，然后用 malloc()函数为该指针变量赋值，并在参数中指定存储空间的大小(以字节为单位)，用完便用 free()释放存储空间。下面的程序代码为自定义数据类型 Complex 分配动态空间。

```
#include"stdio.h"
#include"malloc.h"                //存储空间函数需要的头文件
typedef struct Complex            //自定义类型
{
  double real;                    //复数的实部数据成员
  double image;                   //复数的虚部数据成员
} Complex;
int main()
{
Complex *ptrc;                    //定义结构体指针变量
```

```
    int n,i;
    scanf("%d", &n);                    //输入需要存放复数的个数
    ptrc=(Complex *)malloc(sizeof(Complex)*n);
            //分配需要的存储空间，并将 malloc 函数返回的类型强制转化为自定义类型
    for(i=0;i<n;i++)                    //给复数赋初值
        scanf("%lf%lf",ptrc[i].real,ptrc[i].image);
    for(i=0;i<n;i++)                    //输出所有复数
        printf("%f +%f i\n", ptrc[i].real,ptrc[i].image);
    free(ptrc);                        //释放分配的存储空间
    return 0;
    }
```

小　　结

　　算法与数据结构在程序设计中非常重要，程序好不好，就看数据结构好不好。数据结构也是一门发展的学科，需根据具体的应用灵活设计。本章的知识点如图 1.4 所示。

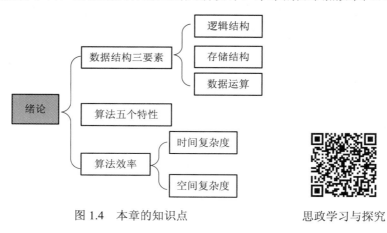

图 1.4　本章的知识点　　　　　　思政学习与探究

习　　题

一、判断题

1. 算法的特征包括有穷性、确定性、可行性、输入和输出。(　　)
2. 对算法的描述包括程序形式和描述形式。(　　)
3. 描述形式是算法的最终形式。(　　)

二、选择题

1. 数据结构是一门研究非数值计算的程序设计问题中，计算机的数据元素以及它们之间的(　　)和运算等的学科。
　A. 结构　　　　　B. 算法　　　　　C. 关系　　　　　D. 运算

2. 顺序存储结构借助元素在存储器中的(　　)来表示数据元素间的逻辑关系。

A. 地址　　　　　　B. 结构　　　　　　C. 相对位置　　　　D. 数值

三、简答题

1. 简述下列术语。

数据元素　数据项　数据结构　数据类型　抽象数据类型　数据逻辑结构
数据存储结构　算法

2. 数据结构课程的主要目的是什么?

3. 分别画出线性结构、树型结构和图状结构的逻辑示意图。

4. 什么是算法的时间复杂度? 怎样表示算法的时间复杂度?

实　　验

1. 实验目的

掌握用 C 语言编程实现抽象数据类型。

2. 实验任务

用 C 语言设计并实现一个可进行复数运算的演示程序。要求: (1) 输入复数的实部和虚部,并生成两个复数; (2) 两个复数求和; (3) 两个复数求差; (4) 复数及运算结果以相应的表现形式输出。

3. 输入格式

输入两行数据,每一行输入两个实数 r 和 i,两个实数之间用空格隔开。r 表示复数的实部,i 表示复数的虚部。

4. 输出格式

输出新构成的两个复数,以及这两个复数的和与差。输入与输出示例如下:

输入示例	输出示例
5.5　4.4	5.5+4.4i
3.0　4.0	3.0+4.0i
	8.5+8.4i
	2.5+0.4i

(1) 数据类型 Complex 的 C 语言描述。

```
typedef struct {
    double real;//复数的实部
    double image;//复数的虚部
} Complex;
```

(2) 与复数相关的部分基本操作实现。

```
void InitComple(Complex &z, double real, double image) {
z.real = real;
z.image = image;
```

```
    }
    Complex ComplexAdd(Complex z1, Complex z2) {
        Complex z;
        z.real = z1.real + z2.real;
        z.image = z1.image + z2.image;
        z.image = z1.image + z2.image;
        return z;
    }
    Complex ComplexSubtrac(Complex z1, Complex z2) {
        Complex z;
        z.real = z1.real - z2.real;
        z.image = z1.image - z2.image;
        return z;
    }
```

(3) 主函数部分验证 Complex 数据类型和操作的实现。

```c
#include "stdio.h"
int main() {
    double r, i;
    Complex z1, z2, z3;
    printf("输入第一个复数的实部和虚部\n");
    scanf("%lf%lf", &r, &i);
    InitComple(z1, r, i);
    printf("输入第二个复数的实部和虚部\n");
    scanf("%lf%lf", &r, &i);
    InitComple(z2, r, i);
    printf("%lf+%lfi\n %lf+%lfi", z1.real, z1.image, z2.image, z2.image);
    z3 = ComplexAdd(z1, z2);
    printf("%lf+%lfi\n", z3.real, z3.image);
    z3 = ComplexSubtrac( z1, z2);
    printf("%lf+%lfi\n", z3.real, z3.image);
    return 0;
}
```

第 2 章　线　性　表

学习目标

1. 理解线性表的逻辑结构，掌握线性表的定义。
2. 熟练掌握线性表两种存储结构的表示方法。了解循环链表、双向链表的特点。
3. 熟练掌握线性表及链表的查找、插入和删除等基本操作。
4. 能够从时间和空间复杂度的角度比较线性表两种存储结构的不同特点及其适用场合。

　　线性表是最简单、最基本、最常用的数据结构。线性表是线性结构的抽象，线性结构的特点是结构中的数据元素之间存在一对一的线性关系。这种一对一的关系是指数据元素之间的位置关系，即① 除第一个位置的数据元素外，其他数据元素位置的前面都只有一个数据元素；② 除最后一个位置的数据元素外，其他数据元素位置的后面都只有一个元素。也就是说，数据元素是一个接一个地排列的。因此，可以把线性表想象为一种数据元素序列的数据结构。

　　本书在介绍各种数据结构时，先介绍数据结构的逻辑结构，包括定义和基本操作，然后介绍数据结构的存储结构。

2.1　线性表的类型定义

2.1.1　线性表的逻辑结构

线性表的概念

　　线性表(List)是由 n(n≥0)个相同类型的数据元素构成的有限序列。对于这个定义应该注意两个概念：一是"有限"，它指的是线性表中数据元素的个数是有限的，线性表中的每一个数据元素都有自己的位置(Position)(本书不讨论数据元素个数无限的线性表)；二是"相同类型"，它指的是线性表中的数据元素都属于同一种类型。

　　数据元素的具体含义在不同的情况下是不相同的，它可以是一个数、一个字符、一个字符串，也可以是一个记录，甚至还可以是更为复杂的数据信息。

　　线性表的数据元素可以由所描述对象的各种特征的数据项组成，这些数据项可以是任何数据类型，数据项之间彼此独立。这种情况下数据元素通常称为结构或记录类型，而包含多个结构或记录的线性表也可以称为文件。例如学生登记表(如表 2.1 所示)可以构成线性表形式的一个文件。表中每个学生对应一个结构或记录类型，由学号、姓名、班级、性别、出生年月等数据项组成。

表 2.1 学生登记表

学号	姓名	班级	性别	出生年月
201457506116	王浩	光 126	男	1996.1
201457506117	杨帅	光 126	男	1996.10
201457506118	高波	光 126	男	1995.1
…	…	…	…	…

线性表通常记为 $L = (a_1, a_2, \cdots, a_n)$，L 中包含 n 个数据元素，下标表示数据元素在线性表中的位置。a_1 是线性表中第一个位置的数据元素，称为第一个元素。a_n 是线性表中最后一个位置的数据元素，称为最后一个元素。n 为线性表的表长，n = 0 时的线性表称为空表(Empty List)。

2.1.2 线性表的抽象数据类型

线性表是一种相当灵活的数据结构，它的长度可根据需要增长或缩短，即对线性表的数据元素不仅可以访问，还可进行插入和删除等操作。

线性表的抽象数据类型定义如下：

ADT List{

　　数据对象：D={a_i | a_i ∈ListElemSet i=1, 2, … n≥0}　　//ListElemSet 定义了线性关系运算的
　　　　　　　　　　　　　　　　　　　　　　　　　　　　　　　//某个集合

　　数据关系：R={< a_{i-1}, a_i > | a_{i-1}, a_i ∈D, i=2, … n≥0}

　　基本操作：

　　InitList(&L)

　　　操作结果：构造一个空的线性表 L。

　　DestroyList(&L)

　　　初始条件：线性表 L 已存在。

　　　操作结果：销毁线性表 L。

　　ListEmpty(L)

　　　初始条件：线性表 L 已存在。

　　　操作结果：若 L 为空表，则返回 TRUE，否则返回 FALSE。

　　ListLength(L)

　　　初始条件：线性表 L 已存在。

　　　操作结果：返回 L 中数据元素个数。

　　GetElem(L, i, &e)

　　初始条件：线性表 L 已存在，1≤i≤ListLength(L)。

　　操作结果：查找并用 e 返回 L 中第 i 个数据元素的值。

　　LocateElem(L, e)

　　　初始条件：线性表 L 已存在。

　　　操作结果：查找并返回 L 中第 1 个与 e 相等的数据元素的位序。若这样的
　　　　　　　　数据元素不存在，则返回值为 FALSE。

ListInsert(&L, i, e)

　　初始条件：线性表 L 已存在，1≤i≤ListLength(L)+1。

　　操作结果：在 L 中第 i 个位置插入新的数据元素 e，L 的长度加 1。

ListDelete(&L, i)

　　初始条件：线性表 L 已存在，1≤i≤ListLength(L)。

　　操作结果：删除 L 的第 i 个数据元素，L 的长度减 1。

}

对于一个线性表，可以定义很多运算(基本操作)，在此只对几种主要运算进行讨论。

对于每一种数据结构运算的算法描述，都与其存储结构有着密切的关系。这也是学习数据结构要牢记的要点。利用上述定义的线性表的基本操作可以实现其他更复杂的功能。

在计算机中存储一个线性表可以采用顺序存储和链式存储两种方式，顺序存储的线性表称为顺序表，链式存储的线性表称为链表。

2.2 线性表的顺序表示和实现

线性表的顺序存储表示

在计算机内，存储线性表最简单的方式就是线性表的顺序存储。线性表的顺序存储是指在内存中用一块地址连续的空间依次存放线性表的数据元素，用这种方式存储的线性表叫顺序表，如图 2.1 所示。顺序表的特点是表中相邻的数据元素在内存中的存储位置是相邻的，即逻辑上相邻的元素在物理存储上也相邻。

0	1		i-1	i		n-1		
a_1	a_2	···	a_i	a_{i+1}	···	a_n		

图 2.1 顺序表的存储结构示意图

假设顺序表中的每个数据元素占 w 个存储单元，设第 1 个数据元素的存储地址为 Loc(a_1)，则有

$$Loc(a_i) = Loc(a_1) + (i - 1)*w \quad (1≤i≤n, w=sizeof(ElemType))$$

式中，Loc(a_1)表示第一个数据元素 a_1 的存储地址，也是顺序表的起始存储地址，称为顺序表的基地址(Base Address)。即只要知道顺序表的基地址和每个数据元素所占的存储单元的个数，就可以求出顺序表中任何一个数据元素的存储地址。由于计算顺序表中每个数据元素存储地址的时间相同，所以顺序表具有随机存取的特点。

顺序表的顺序映像
C 语言实现

由于高级程序设计语言中的数组类型也有随机存取的特性，因此，通常都用数组来描述数据结构中的顺序存储结构。由于线性表的长度可变，且所需最大存储空间随问题不同而不同，所以在 C 语言中可用动态分配的一维数组来描述。

//线性表的动态分配顺序存储结构

#define   LIST_INIT_SIZE   100   //线性表存储空间的初始分配量

```
#define    LISTINCREMENT 10        //线性表存储空间的分配增量
typedef    struct{
    ElemType    * elem;           //存储空间基址
    int         length;          //线性表的当前长度，即线性表中数据元素的个数
    int         listsize;        //顺序表分配存储空间的大小(以 sizeof(ElemType)为单位)
}SqList;   //把该段程序代码作为一个独立文件，命名为 mem2-1.cpp
```

在上述定义中，数组指针 elem 指示线性表的基地址，length 指示线性表的当前长度。
顺序表的初始化操作就是为顺序表分配一个预定义大小的数组空间，并将线性表的当前长
度设为"0"。listsize 指示顺序表当前分配的存储空间大小，一旦因
插入元素而空间不足时，可进行再分配，即为顺序表增加一个大小
可存储 LISTINCREMENT 个数据元素的空间。在上述存储结构下，
线性表的各算法实现如下：

顺序表初始化
C 语言实现

算法 2.1

构造一个空的顺序表的算法实现如下：

```
void InitList(SqList &L){            //构造一个空的顺序表 L
    L. elem=(ElemType * )malloc(LIST_INIT_SIZE * sizeof(ElemType));
    if ( !L.elem)exit (OVERFLOW);   //存储分配失败
    L. length=0;                    //空表长度为 0
    L.listsize=LIST_INIT_SIZE;      //初始存储容量
}
```

算法 2.2

求顺序表的表长的算法实现如下：

```
int ListLength(SqList L){           //求顺序表 L 的表长
    return L. length;              //返回表的长度
}
```

算法 2.3

判断顺序表是否为空的算法实现如下：

```
Status    ListEmpty(SqList L)
{   if(L.length==0)
    return TRUE;
    else    return FALSE;}
```

在这种存储结构中，容易实现线性表的某些操作，如随机存取第 i 个数据元素等。要
特别注意的是，C 语言中数组的下标从"0"开始，因此，若 L 是 SqList 类型的顺序表，则
表中第 i 个数据元素是 L.elem[i-1]。下面重点讨论线性表的插入和删除这两种操作在顺序存
储表示时的实现方法。

顺序表的插入是指在顺序表的第 i 个位置插入一个数据元素 e，插入后使原表长为 n 的
表成为表长为 n+1 的表，i 的取值范围为 1≤i≤n+1。当 i 为 n+1 时，表示在顺序表的末尾
插入数据元素。

图 2.2 为在顺序表的第 4 个位置插入 30 的操作示意图。在顺序表上插入一个数据元素

的步骤如下:

(1) 判断顺序表是否已满和插入的位置是否正确。顺序表已满时需要追加存储空间;插入的位置不正确时不能插入,并返回提示信息。

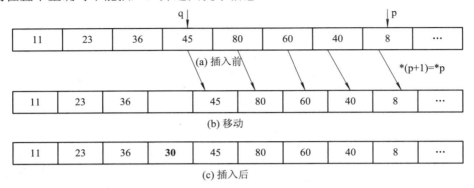

图 2.2　在顺序表的第 4 个位置插入 30 的操作示意图

(2) 如果表未满且插入的位置正确,则将 $a_i \sim a_n$ 依次向后移动,为待插入的数据元素空出位置。此操作在算法中可用循环来实现。

(3) 将待插入的数据元素插入到空出的第 i 个位置上。

(4) 修改表的 length 项,使其数值加 1。

算法 2.4

插入操作的算法实现如下:

```
Status ListInsert(SqList &L, int i, ElemType e){
    //在顺序线性表 L 中第 i 个位置插入新的元素 e
    ElemType * newbase,*q,*p;                    //所需变量的定义
    if ( i<1|| i>L. length + 1)    return ERROR;    //i 值不合法
    if (L. length >= L.listsize){                //当前存储空间已满,增加存储空间
        newbase=(ElemType*)realloc(L.elem,
                    (L.listsize+ LISTINCREMENT)*sizeof (ElemType));
        if(!newbase)    exit(OVERFLOW);        //存储分配失败
        L. elem=newbase;    //新基址
        L.listsize+=LISTINCREMENT;            //存储容量增加
    }
    q=&(L.elem[i-1]);                        //q 为插入位置
    for (p=&(L.elem[L. length-1]);p>=q;--p)   *(p+1)=*p;    //插入位置及之后的元素右移
    *q=e;                //插入 e
    ++ L. length;        //表长增 1
    return OK;
}
```

顺序表的删除操作是指将表中第 i 个数据元素从顺序表中删除,删除后使原表长为 n 的表$(a_1, a_2, \cdots, a_{i-1}, a_i, a_{i+1}, \cdots, a_n)$变为表长为 n–1 的表$(a_1, a_2, \cdots, a_{i-1}, a_{i+1}, \cdots, a_n)$,i 的取值范围为 $1 \leq i \leq n$。i 为 n 时,表示删除顺序表末尾的数据元素。

删除顺序表中一个数据元素的步骤如下：

(1) 判断顺序表是否为空和删除的位置是否正确，表空或删除的位置不正确时不能删除。

(2) 如果表不空且删除的位置正确，则将 $a_{i+1} \sim a_n$ 依次向前移动。此操作在算法中可用循环来实现。

(3) 修改表的 length 项，使其数值减 1。

如图 2.3 所示为删除顺序表中第 4 个元素的操作示意图。

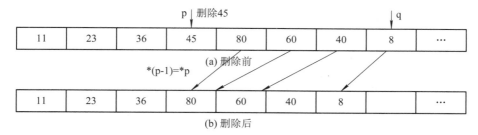

图 2.3　删除顺序表中第 4 个元素的操作示意图

算法 2.5

删除操作的算法实现如下：

```
Status ListDelete(SqList &L, int i, ElemType &e){
    //在顺序线性表 L 中删除第 i 个元素，并用 e 返回其值
    //i 的合法值为 1≤i≤ListLength(L)
    ElemType *p,*q;                                //变量定义
    if (i<1||i>L. length||L.length==0)   return ERROR;   //i 值不合法和表为空
    p=&(L.elem[i-1]);                              //p 为被删除元素的位置
    e=* p;                                         //被删除元素的值赋给 e
    q=L. elem + L. length-1;                       //表尾元素的位置
    for (++ p; p <=q; ++ p)      *(p-1)=* p;       //被删除元素之后的元素左移
      --L. length;          //表长减 1
    return OK;
}
```

从算法 2.4 和 2.5 可见，当在顺序存储结构的线性表中的某个位置插入或删除一个数据元素时，其时间主要耗费在移动元素上，而移动元素的个数取决于插入或删除元素的位置。在第 i 个位置插入一个元素，从 a_i 到 a_n 都要向后移动一个位置，共需要移动 $n-i+1$ 个元素。在第 i 个位置删除一个元素，从 a_{i+1} 到 a_n 都要向前移动一个位置，共需要移动 $n-i$ 个元素。

假设 p_i 是在第 i 个位置插入一个元素的概率，则在长度为 n 的线性表中插入一个元素时所需移动元素次数的期望值(平均次数)为

$$E_{is} = \sum_{i=1}^{n+1} p_i(n-i+1) \tag{2-1}$$

假设 q_i 是删除第 i 个元素的概率，则在长度为 n 的线性表中删除一个元素时所需移动元素次数的期望值(平均次数)为

$$E_{dl} = \sum_{i=1}^{n} q_i(n-i) \tag{2-2}$$

可以假定在线性表的任何位置上插入或删除元素都是等概率的，即

$$p_i = \frac{1}{n+1}, \quad q_i = \frac{1}{n}$$

则式(2-1)和式(2-2)可分别简化为

$$E_{is} = \frac{1}{n+1} \sum_{i=1}^{n+1} (n-i+1) = \frac{n}{2} \tag{2-3}$$

$$E_{dl} = \frac{1}{n} \sum_{i=1}^{n} (n-i) = \frac{n-1}{2} \tag{2-4}$$

由式(2-3)和式(2-4)可见，在顺序存储结构的线性表中插入或删除一个数据元素，平均约移动表中一半元素。若表长为 n，则算法 ListInsert 和 ListDelete 的时间复杂度为 O(n)。

取表元素运算是返回顺序表中第 i 个数据元素，i 的取值范围是 1≤i≤n。由于表是随机存取的，如果 i 的取值正确，则取表元素运算的时间复杂度为 O(1)。

算法 2.6

取表元素运算的算法实现如下：

```
Status    GetElem( SqList L, int i, ElemType &e)
{    //用 e 返回顺序表 L 中第 i 个数据元素的值
     if(i<1||i>L.length||L.length= =0)    return ERROR;    //i 值非法或表为空表
     e=L.elem[i-1];
     return OK;
}
```

顺序表中的按值查找是指在表中查找满足给定值的数据元素。在顺序表中完成该运算最简单的方法是：从第一个元素起依次与给定值比较，如果找到，则返回在顺序表中首次出现与给定值相等的数据元素的序号，称为查找成功；否则，若在顺序表中没有与给定值匹配的数据元素，则返回一个特殊值表示查找失败。

算法 2.7

按值查找运算的算法实现如下：

```
int LocateElem( SqList L, ElemType e)
{
     int i=1;                        //i 的初值为第 1 个元素的位序
     ElemType *p = L. elem;          //p 的初值为第 1 个元素的存储位置
     while ( i<=L. length&&(*p++!=e))    ++i;
     if ( i<=L. length)    return i;
     else return 0;
}
```

本书为了方便算法程序调试，把算法 2.1～算法 2.7 做成一个独立的文件，命名为 op2-1.cpp。

利用上述已实现的顺序表的运算组合可以实现其他更复杂的功能。

例 2.1 设有两个集合 A 和 B，现要求一个新的集合 A＝A∪B(本例先采用顺序存储结构实现该算法)。

例 2.1

算法思路：用顺序表 La 和 Lb 表示两个集合，即顺序表中的数据元素为集合中的成员。将存在于线性表 Lb 中而不存在于线性表 La 中的数据元素插入到线性表 La 中。操作步骤如下：

(1) 从顺序表 Lb 中依次取出每个数据元素 GetElem(Lb,i,&e)；

(2) 依次在顺序表 La 中查询 e 是否存在 LocateElem(La, e)；

(3) 若 e 不存在，则插入 ListInsert(La, n+1, e)。

上述操作过程可用下列算法描述并实现。

```
#include"head1-1.h"          //本书第 1 章定义的头文件
#include"mem2-1.cpp"         //本节定义的顺序存储结构
#include"op2-1.cpp"          //本节由算法 2.1～算法 2.7 组成的独立文件
void unionlist(SqList &La, SqList Lb)
{
    //将所有在线性表 Lb 中但不在 La 中的数据元素插入到 La 中
    int La_len, Lb_len, i;
    ElemType e;
    La_len=ListLength(La);   Lb_len=ListLength(Lb);        //求线性表的长度
    for (i = 1; i<=Lb_len; i++){
        GetElem(Lb, i, e);              //取 Lb 中第 i 个数据元素赋给 e
        if(!LocateElem(La, e))    ListInsert(La, ++La_len, e);
                                //La 中不存在和 e 相同的数据元素，则插入之
    }
}
int main()                             //主程序用来验证 unionlist 算法以及部分基本操作
{
    int i;
    SqList Lc, Ld;
    InitList(Lc);                      //构造空的顺序表 Lc 和 Ld
    InitList(Ld);
    for(i=1; i<5; i++)
        ListInsert(Lc, i, i);          //构造顺序表 Lc=(1,2,3,4)
    for(i=1; i<5; i++)
        ListInsert(Ld, i, 2*i);        //构造顺序表 Ld=(2,4,6,8)
        unionlist(Lc, Ld);             //验证 Lc∪Ld 算法
    for(i=0; i<Lc.length; i++)
```

```
        printf("%d    ", Lc.elem[i]);
        return 0;
    }
```

例 2.2　已知线性表 La 和 Lb 中的数据元素按值从小到大升序排列，现要求将 La 和 Lb 合并为一个新的线性表 Lc，且 Lc 中的数据元素仍按值从小到大升序排列(本例采用顺序存储结构实现该算法)。

例如，设 La = (3，5，8，11)，Lb = (2，6，8，9，15，20)，则 Lc = (2，3，5，6，8，8，9，11，15，20)。

算法思路：依次扫描 La 和 Lb 的数据元素，比较 La 和 Lb 当前数据元素的值，将较小值的数据元素赋给 Lc，如此直到一个顺序表被扫描完，然后将未完的那个顺序表中余下的数据元素赋给 Lc 即可。Lc 的容量要能够容纳 La 和 Lb 两个表相加的长度。

按升序合并两个表的算法实现如下：

```
#include"head1-1.h"        //本书第 1 章定义的头文件
#include"mem2-1.cpp"       //本节定义的顺序存储结构
#include"op2-1.cpp"        //本节由算法 2.1～算法 2.7 组成的一个独立文件
void MergeList(SqList La, SqList Lb, SqList &Lc)
{   //合并 La 和 Lb 得到新的线性表 Lc，Lc 的数据元素按值从小到大升序排列
    int i=1, j=1, k=1;
    int La_len, Lb_len;
    ElemType ai, bj;
    La_len=ListLength(La);      Lb_len = ListLength(Lb);
    while( (i<=La_len)&&(j<=Lb_len))
    {       //La 和 Lb 均非空
      GetElem(La, i, ai); GetElem(Lb, j, bj);
      if (ai<=bj){ListInsert(Lc, k++, ai);      i++;}
      else{ListInsert(Lc, k++, bj);       j++;}
    }
    while(i<=La_len)
    {                                       //插入 La 中剩下的元素
      GetElem(La, i++, ai);      ListInsert(Lc, k++, ai);
    }
    while (j<=Lb_len)
    {                                       //插入 Lb 中剩下的元素
      GetElem(Lb, j++, bj);      ListInsert(Lc, k++, bj);
    }
}
int main()                                  //主程序用来验证 MergeList 算法的实现
{
    int i;
```

```
    SqList Lc, Ld, Le;
    InitList(Lc);                          //构造空的顺序表 Lc、Ld 和 Le
    InitList(Ld);
    InitList(Le);
    for(i=1; i<5; i++)
        ListInsert(Lc, i, i);              //构造升序顺序表 Lc=(1,2,3,4)
    for(i=1; i<5; i++)
        ListInsert(Ld, i, 2*i);            //构造升序顺序表 Ld=(2,4,6,8)
    MergeList(Lc, Ld, Le);                 //验证 Lc 和 Ld 合并算法
    printf("Lc 和 Ld 合并的结果为:\n");
    for(i=0; i<Le.length; i++)
    printf(" %d ", Le.elem[i]);
    printf("\n");
    return 0;
}
```

2.3　线性表的链式表示和实现

　　顺序表是指用地址连续的存储单元顺序存储线性表中的各个数据元素，逻辑上相邻的数据元素在物理位置上也相邻。因此，在顺序表中查找任何一个位置上的数据元素都非常方便，这是顺序存储的优点。但是，在对顺序表进行插入和删除时，需要通过移动数据元素来实现，影响了运行效率。本节介绍线性表的另外一种存储结构——链式存储，这样的线性表叫链表。链表不要求逻辑上相邻的数据元素在物理存储位置上也相邻，因此，在对链表进行插入和删除时不需要移动数据元素，但同时也失去了顺序表可随机存储的优点。

2.3.1　单链表的定义

　　单链表是用一组地址任意的存储单元来存储线性表中的数据元素，这组存储单元地址既可以是连续的，也可以是不连续的。如何表示两个数据元素逻辑上的相邻关系呢？

　　在存储数据元素时，除了存储数据元素本身的信息外，还要存储与它相邻的数据元素的存储地址信息。这两部分信息组成该数据元素的存储映像，称为结点(Node)。存储数据元素信息的域称为结点的数据域(Data Domain)，把存储与它相邻的数据元素的存储地址信息的域称为结点的指针域。因此，线性表通过每个结点的指针域形成了一根"链条"，这就是"链表"名称的由来。

　　如果结点的指针域只存储该结点直接后继结点的存储地址，则该链表称为单链表。该指针域用 next 表示，data 表示结点的数据域，单链表的结点结构如图 2.4 所示。

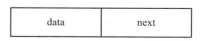

data	next

图 2.4　单链表的结点结构

如图 2.5 所示是线性表$(a_1，a_2，a_3，a_4，a_5，a_6)$对应的链式存储结构示意图。

	存储地址	数据域	指针域
	22	a_5	500
	...		
	77	a_4	22
	...		
头指针H	500	a_6	NULL
866	...		
	700	a_2	900
	...		
	866	a_1	700
	...		
	900	a_3	77
	...		

图 2.5　链式存储结构示意图

通常把链表画成用箭头相连接的结点的序列，结点之间的箭头表示指针域中的存储地址。如图 2.5 所示的线性链表可画成如图 2.6 所示的形式，这是因为在使用链表时，人们关心的只是它所表示的线性表中数据元素之间的逻辑顺序，而不是每个数据元素在存储器中的实际位置。

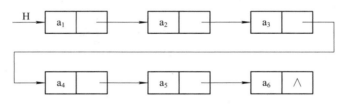

图 2.6　单链表逻辑状态表示意图

由图 2.6 可知，单链表由头指针 H 唯一确定。头指针指向单链表的第一个结点，也就是把单链表第一个结点的地址放在 H 中，所以，H 是一个 Node 类型的变量。头指针为 NULL(空)表示一个空表。在 C 语言中可用"结构指针"来描述。

链表中结点
C 语言实现

//线性表的单链表存储结构如下，在本书作为一个独立文件命名为 mem2-2.cpp

```
typedef  struct  LNode
{
    ElemType  data;          //数据域
    struct  LNode  *next;    //后继结点的指针
}LNode,*LinkList;
```

有时，在单链表的第一个结点之前附设一个结点(虚结点)，称为头结点。表示当前结点时，往往是用当前结点的前驱结点来表示的，加个头结点就会在以后的操作中非常便捷。

头结点的数据域可以不存储任何信息，也可存储如线性表的长度等附加信息，头结点的指针域存储指向第一个结点的指针(即第一个元素结点的存储位置)。如图 2.7(a)所示，此时，单链表的头指针指向头结点。若线性表为空表，则头结点的指针域为"空"，如图 2.7(b)所示。

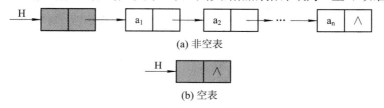

(a) 非空表

(b) 空表

图 2.7 带头结点的单链表

2.3.2 单链表基本操作实现

1. 构造一个带头结点的单链表

构造一个空单链表，是指分配一个结点的存储空间，并令结点的指针域为空。

算法 2.8

构造一个空单链表的算法实现如下：

```
void InitList(LinkList &L){
    L=(LinkList)malloc(sizeof(LNode));//分配头结点的存储空间
        if (!L) exit (OVERFLOW);//存储分配失败
    L->next=NULL;
    }
```

2. 求单链表的长度

求单链表的长度与顺序表不同。顺序表可以通过指示表中的 length 项直接求得，因为顺序表所占用的空间是连续的空间，而单链表需要从头指针开始，一个结点一个结点地遍历，直到表的末尾。

算法 2.9

求带头结点单链表长度的算法实现如下：

```
int    ListLength(LinkList L){
        int len=0;
        LinkList p=L->next;
        while (p!=NULL)
        {    ++len;
            p=p->next; }
        return len;
    }
```

时间复杂度分析：求单链表的长度需要遍历整个链表，所以时间复杂度为 O(n)，n 是单链表的长度。

3. 判断单链表是否为空

如果单链表的头节点的指针域为 NULL,则单链表为空,返回 TRUE,否则返回 FALSE。

算法 2.10

判断单链表是否为空的算法实现如下：

```
int ListEmpty(LinkList   L)
{
    if (L->next=NULL)       return TRUE;
    else
    return FALSE;
}
```

4. 取表元素

在单链表中，任何两个元素的存储位置之间没有固定的联系。然而，每个元素的存储位置都包含在其直接前驱结点的信息之中。假设 p 是指向线性表中第 i 个结点(数据元素为 a_i)的指针，则 (*p).data 或 p->data 表示由 p 所指向结点的数据域；(*p).next 或 p->next 表示由 p 所指向结点的指针域，也就是指向下一个结点的指针；p->data=a_i，p->next->data=a_{i+1}。因此，在单链表中，要取得第 i 个数据元素必须从头指针出发寻找，所以，单链表是非随机的存储结构。

算法 2.11

取表元素运算的算法实现如下：

```
Status GetElem(LinkList L, int i，ElemType &e)
{   //L 为带头结点的单链表的头指针
    //当第 i 个元素存在时，其值赋给 e 并返回 OK，否则返回 ERROR
    int j;
    LinkList p;
    p=L->next;      j=1;            //初始化 p 指向第一个结点，j 为节点计数器
    while (p&& j<i)                 //顺指针向后查找，直到 p 指向第 i 个元素或 p 为空
    {
        p=p->next;
        j++;
    }
    if(!p||j>i)     return ERROR;   //第 i 个元素不存在
    e=p->data;                      //取第 i 个元素
    return OK;
}
```

取表元素运算时间主要消耗在结点的遍历上。如果表为空则不进行遍历；当表非空时，i 等于 1 遍历的结点数最少(1 个)，i 等于 n 遍历的结点数最多(n 个，n 为单链表的长度)，平均遍历的结点数为 n/2。所以，取表元素运算的时间复杂度为 O(n)。

5. 插入操作

单链表的插入操作是指在表的第 i 个位置结点处插入一个值为 e 的新结点。插入操作需要从单链表的头指针开始遍历，直到找到第 i−1 个位置的结点。

　　假设已知 p 为单链表存储结构中指向结点 a_{i-1} 的指针，如图 2.8(a)所示。为插入数据元素 e，首先要生成一个数据域为 e 的结点，假设 s 为指向结点 e 的指针，然后把该节点插入单链表中。根据插入操作的逻辑定义，还需要修改结点 a_{i-1} 中的指针域，令其指向结点 e，而结点 e 中的指针域应指向结点 a_i，从而实现 3 个元素 a_{i-1}、a_i 和 e 之间逻辑关系的变化。插入后的单链表如图 2.8(b)所示。

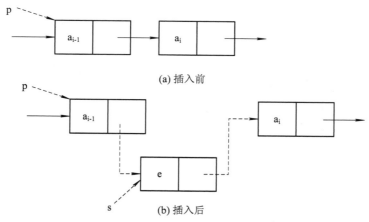

图 2.8　在单链表中插入结点时指针变化状况

算法 2.12

单链表插入操作的算法实现如下：

```
Status ListInsert(LinkList &L, int i, ElemType e){
    //在带头结点的单链线性表 L 中第 i 个位置之前插入元素 e
    LinkList p=L, s;
    int j=0;
    while (p&&j<i-1){p= p->next; j++;}      //寻找第 i-1 个结点
    if(!p||j>i-1)      return ERROR;         //i 小于 1 或者 i 大于表长加 1
    s=(LinkList) malloc(sizeof(LNode));      //生成新结点
    if(s==Null)       return ERROR;
    s->data=e;
    s->next=p->next;                         //插入 L 中
    p->next=s; return OK;
}
```

　　由算法的时间复杂度分析算法 2.12 可知，在第 i 个结点处插入结点的时间主要消耗在查找操作上。单链表的查找需要从头指针开始，一个结点一个结点地遍历，找到目标结点后的插入操作很简单，不需要进行数据元素的移动，因为单链表不需要连续的存储空间。遍历的结点数最少为 1 个，最多为 n 个(n 为单链表的长度)，平均遍历的结点数为 n/2，所以，插入操作的时间复杂度为 O(n)。

6. 删除操作

　　单链表的删除操作是指删除第 i 个结点，并返回被删除结点的值。删除操作也需要从头指针开始遍历单链表，直到找到第 i−1 个位置的结点，把第 i+1 个结点作为该结点的后继。删除操作如图 2.9 所示。

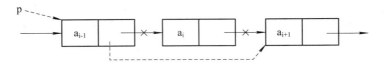

图 2.9　在单链表中删除结点时的指针变化

算法 2.13

单链表删除操作的算法实现如下：

```
Status   ListDelete( LinkList &L, int i, ElemType   &e){
        //在带头结点的单链线性表 L 中删除第 i 个元素，并用 e 返回其值
        LinkList p=L, q;
        int j=0;
        while (p&&j<i-1){p= p->next; j++;}      //寻找第 i-1 个结点
        if(!p||j>i-1) return ERROR;             //删除位置不合理
          q=p->next;        p->next=q->next;     //删除并释放结点
          e=q->data; free(q); return OK;
        }
```

算法的时间复杂度分析：单链表上的删除操作与插入操作一样，时间主要消耗在结点的遍历上。如果表为空，则不进行遍历；当表非空时，删除第 i 个位置的结点，i 等于 1 遍历的结点数最少(1 个)，i 等于 n 遍历的结点数最多(n 个，n 为单链表的长度)，平均遍历的结点数为 n/2。所以，删除操作的时间复杂度为 O(n)。

因此，线性表的顺序存储和链式存储各有优缺点，线性表如何存储取决于使用的场合。如果不需要经常对线性表进行插入和删除操作，只是进行查找时，线性表应该顺序存储;如果需要经常对线性表进行插入和删除操作，而不经常进行查找时，线性表应该链式存储。

7. 按值查找

单链表中的按值查找是指在表中查找其值满足给定值的结点。由于单链表中的存储空间是非连续的，所以，单链表的按值查找只能从头指针开始遍历，依次将被遍历到的结点的值与给定值比较，如果相等，则返回在单链表中首次出现与给定值相等的数据元素的序号，称为查找成功；否则，在单链表中没有与给定值匹配的结点，返回一个特殊值表示查找失败。

算法 2.14

```
int LocateElem( LinkList L, ElemType e)
{   int i=1;//i 的初值为 1
    LinkList p = L->next;              // p 的初值为第一个结点的指针
    while(p&&p->data!=e)
    {    ++i;
         p=p->next;}
         if ( i<=ListLength(L))    return i;
         else return 0;    }
```

8. 单链表的建立

单链表的建立与顺序表的建立不同，它是一种动态管理的存储结构，链表中的每个结点占用的存储空间不是预先分配，而是运行时系统根据需求生成的。因此，建立线性表链式存储结构的过程就是一个动态生成链表的过程，即从"空表"的初始状态起，依次建立各元素结点，并逐个插入链表。算法 2.15 是一个从表尾到表头逆向建立单链表的算法，其时间复杂度为 O(n)。

算法 2.15

```
void CreateList (LinkList &L, int n){
    //逆位序输入 n 个元素的值，建立带表头结点的单链线性表
    LinkList p, int i;              //算法所需变量的定义
    L=(LinkList) malloc(sizeof (LNode));
    L->next=NULL;                  //先建立一个带头结点的空单链表
    for(i = n; i>0; i--){
        p = (LinkList) malloc (sizeof (LNode));    //产生新结点
        scanf("%d", &p->data);         //输入元素值
        p ->next=L->next ; L->next=p;      //插入到表头
    }
}
```

为了程序调试的方便，把算法 2.8～算法 2.15 做成一个独立的文件，命名为 op2-2.cpp。

2.3.3　单链表应用举例

例 2.3　设有两个集合 A 和 B，现要求一个新的集合 A＝A∪B(本例采用链式存储结构实现该算法)。

算法思路：用链表 La 和 Lb 表示两个集合，即链表中的数据元素为集合中的成员。将存在于线性表 Lb 中而不存在于线性表 La 中的数据元素插入线性表 La 中去。操作步骤同例 2.1，只是采用的存储结构不同。

算法具体实现如下：

```
#include"head1-1.h"            //本书第 1 章定义的头文件
#include"mem2-2.cpp"           //本节定义的链式存储结构
#include"op2-2.cpp"            //本节由算法 2.8～算法 2.15 组成的独立文件
void unionlist(LinkList &La, LinkList Lb)
{
//将所有在线性表 Lb 中但不在 La 中的数据元素插入 La 中
int La_len, Lb_len, i;
ElemType e;
La_len=ListLength(La);   Lb_len=ListLength(Lb);   //求线性表的长度
for (i = 1; i<=Lb_len; i++)
{
    GetElem(Lb, i, e);              //取 Lb 中第 i 个数据元素赋给 e
```

```
        if(!LocateElem(La, e)) ListInsert(La, ++La_len, e);
                                    //La 中不存在和 e 相同的数据元素，则插入之
      }
   }
   int main()                       //主程序用来验证 unionlist 算法以及部分基本操作
   {
      int i;   ElemType e;
      LinkList   Lc, Ld;
      InitList(Lc);                  //构造空的单链表 Lc 和 Ld
      InitList(Ld);
      for(i=1; i<5; i++)
         ListInsert(Lc, i, i);       //构造单链表 Lc=(1,2,3,4)
      for(i=1; i<5; i++)
         ListInsert(Ld, i, 2*i);     //构造单链表 Ld=(2,4,6,8)
      unionlist(Lc, Ld)              //验证 Lc∪Ld 算法
      printf(" 合并后的结果为:\n ");
      for(i=1; i<=ListLength(Lc); i++)
      {  GetElem(Lc, i, e);          //用 e 返回单链表的第 i 个元素，并打印输出
         printf("%d   ", e);
      }
      return 0;
   }
```

例 2.4　已知线性表 La 和 Lb 中的数据元素按值从小到大升序排列，现要求将 La 和 Lb 合并为一个新的线性表 Lc，且 Lc 中的数据元素仍按值从小到大升序排列(本例采用链式存储结构实现该算法)。

算法思路：建立 3 个指针 pa、pb 和 pc，其中 pa 和 pb 分别指向 La 表和 Lb 表中当前待比较插入的结点，而 pc 指向 Lc 表中当前最后一个结点。

把 La 的头结点作为 Lc 的头结点，依次扫描 La 和 Lb 的结点，比较 La 和 Lb 当前结点数据域的值，将较小值的结点附加到 Lc 的末尾，如此直到一个单链表被扫描完，然后将未完的那个单链表中余下的结点附加到 Lc 的末尾即可。

将两表合并成一表的算法实现如下：

```
#include"head1-1.h"
#include"mem2-2.cpp"
#include"op2-2.cpp"
void MergeList(LinkList &La, LinkList &Lb, LinkList &Lc)
{  //已知单链线性表 La 和 Lb 的元素按值升序排列
   //合并 La 和 Lb 得到新的单链线性表 Lc，Lc 的元素也按值升序排列
   LinkList pa, pb, pc;
   pa=La->next;    pb=Lb ->next ;
   Lc=pc=La;                      //用 La 的头结点作为 Lc 的头结点
```

```
        while (pa&&pb){
            if (pa ->data<= pb->data)
            {
                pc->next=pa; pc=pa; pa=pa->next;
            }
            else { pc->next=pb; pc=pb; pb=pb->next;}
        }
        pc->next = pa?pa:pb;            //链上剩余链表段
        free(Lb);                       //释放 Lb 的头结点
    }
    int main()                          //主程序用来验证 MergeList 算法的实现
    {   int i;
        LinkList Lc, Ld, Le, p;
        InitList(Lc);                   //构造空的顺序表 Lc、Ld 和 Le
        InitList(Ld);
        for(i=1; i<5; i++)
            ListInsert(Lc, i, i);       //构造升序顺序表 Lc=(1,2,3,4)
        for(i=1; i<5; i++)
            ListInsert(Ld, i, 2*i);     //构造升序顺序表 Ld=(2,4,6,8)
        MergeList(Lc, Ld, Le);          //调用 Lc 和 Ld 合并算法，得到 Le
        printf("Lc 和 Ld 合并的结果为:\n");
        p=Le->next;
        while(p){printf(" %d ", p->data);   //打印输出合并后的结果
                p=p->next;
        }
        printf("\n");
        return 0;
    }
```

例 2.4 中的算法也可采用链表基本操作的组合来实现，其算法类似于例 2.2。

2.4　其他链表

2.4.1　双向链表

前面介绍的单链表允许从一个结点直接访问它的后继结点，找直接后继结点的时间复杂度是 O(1)。要找某个结点的直接前驱结点，只能从表的头指针开始遍历各结点。如果某个结点的 next 值等于该结点地址，那么，这个结点就是该结点的直接前驱结点。找直接前驱结点的时间复杂度是 O(n)，n 是单链表的长度，也可以在结点的指针域中保存直接前驱

结点的地址而不是直接后继结点的地址。这样，找直接前驱结点的时间复杂度只有 O(1)，但找直接后继结点的时间复杂度是 O(n)。如果希望找直接前驱结点和直接后继结点的时间复杂度都是 O(1)，那么，需要在结点中设两个指针域，一个保存直接前驱结点的地址，称为 prior，另一个保存直接后继结点的地址，称为 next，这样的链表就是双向链表。双向链表的结点结构示意图如图 2.10 所示。

prior	data	next

图 2.10 双向链表结点的结构示意图

双向链表结点的定义与单链表结点的定义很相似，只是双向链表多了一个字段 prior。双向链表结点的 C 语言描述如下：

```
//……线性表的双向链表存储结构
    typedef struct DuLnode{
        ElemType      data;            //数据域保存结点元素内容
        struct DuLnode    * prior;     //指向前驱的指针域
        struct DuLnode    * next;      //指向后续的指针域
    } DuLnode, *DuLinkList;
```

在双向链表中，若 p 为指向表中某一结点的指针(即 p 为 DuLinkIist 型变量)，则显然有 p->next->prior =p->prior->next=p。这个表达式恰当地反映了这种结构的特性。

由于双向链表的结点有两个指针，所以在双向链表中插入和删除结点比单链表要复杂。在双向链表中需同时修改两个方向上的指针，图 2.11 和图 2.12 分别显示了插入和删除结点时指针变化的情况。它们的算法分别如算法 2.16 和算法 2.17 所示，两者的时间复杂度均为 O(n)。

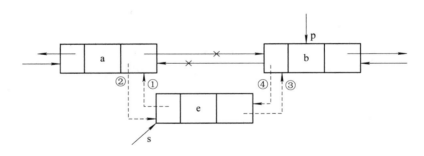

图 2.11 在双向链表中插入一个结点指针的变化状况

算法 2.16

```
Status ListInsert(DuLinkList &L, int i, ElemType e)
{
    //在带头结点的双向链线性表 L 中的第 i 个位置之前插入元素 e
    //i 的合法值为 1 ≤i≤表长+1
    if(!(p=GetElem(L, i)))       //在 L 中确定插入位置
        return ERROR;            //p= NULL，即插入位置不合法
    if(!(s=(DuLinkList)malloc(sizeof(DuLnode))))   return ERROR;
    s-> data=e;
    s-> prior=p->prior;          //实现图 2.11 中指针①的指向
```

```
    p->prior-> next=s;              //实现图 2.11 中指针②的指向
    s-> next=p;                     //实现图 2.11 中指针③的指向
    p-> prior=s;                    //实现图 2.11 中指针④的指向
    return OK;
}
```

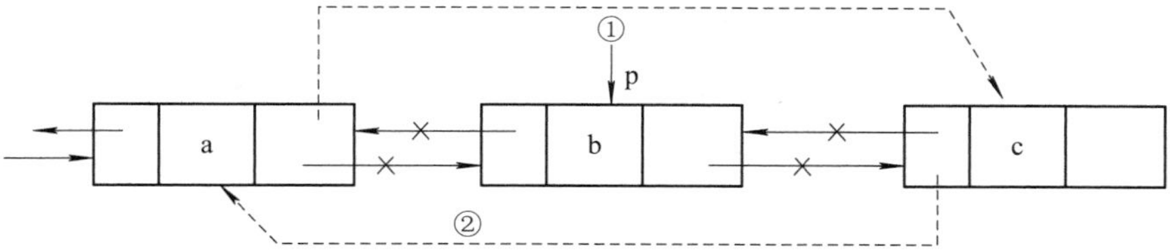

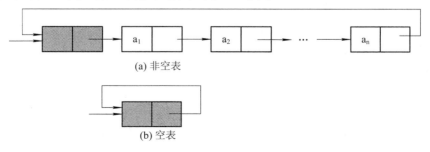

图 2.12　在双向链表中删除结点时指针的变化状况

算法 2.17

```
Status ListDelete ((DuLinkList &L, int i, ElemType &e)
{
    //删除带头结点的双向链线性表 L 的第 i 个元素, i 的合法值范围为 1≤i≤表长
    if(!(p=GetElem(L, i)))          //在 L 中确定第 i 个元素的位置指针 p
        return ERROR;               //p= NULL，即第 i 个元素不存在
    e=p->data;
    p->prior->next=p ->next;        //实现图 2.12 中指针①的指向
    p->next->prior=p->prior;        //实现图 2.12 中指针②的指向
    free(p);
    retura OK;
}
```

双向链表的其他操作与单链表相似，有些操作如 ListLength, GetElem 和 LocateElem 等涉及一个方向的指针，则它们的算法描述和线性链表的操作相同，这里不再一一列举。

2.4.2　循环链表

有些应用不需要链表中有明显的头尾结点。在这种情况下，可能需要方便地从最后一个结点访问到第一个结点。此时，最后一个结点的指针域不为空，而是保存头结点的地址，也就是头指针的值。带头结点的循环链表如图 2.13 所示。

(a) 非空表

(b) 空表

图 2.13　单循环链表

与单链循环表类似，双向链表也可以有循环表，如图 2.14 所示，链表中有两个环。

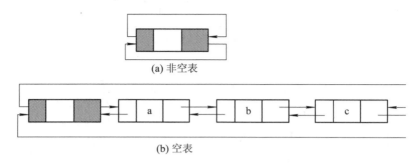

(a) 非空表

(b) 空表

图 2.14　双向链表示例

循环链表的操作和线性链表基本一致，差别仅在于算法中的循环条件不是 p 或 p->next 是否为空，而是它们是否等于头指针。其他没有较大的变化，这里不再一一详述。

从上面两节的讨论中可见，由于链表具有合理利用空间，以及插入、删除时不需要移动元素等优点，因此在很多场合下，链表是线性表的首选存储结构。然而，在实现某些基本操作时，它也存在缺点，如求线性表的长度时效率不如顺序存储结构；另一方面，由于在链表中结点之间的关系用指针来表示，则数据元素在线性表中的“位序”的概念已淡化，而被数据元素在线性链表中的“位置”所代替。读者也可从实际应用角度出发重新定义线性链表及其基本操作。

2.5　线性表应用—— 一元多项式的表示和运算

一元多项式的操作是线性表处理的典型用例。在数学上一个一元多项式 $P_n(x)$ 按照升幂可写成：

$$P_n(x) = p_0 + p_1x + p_2x^2 + \cdots + p_nx^n$$

它由 n+1 个系数唯一确定。因此，在计算机里，多项式可以用一个线性表 L_P 来表示：

$$L_P = (p_0,\ p_1,\ p_2,\ \cdots,\ p_n)$$

每一项的指数 $i(0 \leq i \leq n)$ 隐含在系数 p_i 的序号里。

假设 $Q_m(x)$ 是一元 m 次多项式，同样可以用线性表 L_Q 来表示：

$$L_Q = (q_0,\ q_1,\ q_2,\ \cdots,\ q_m)$$

设 m<n，则两个多项式相加的结果 $R_n(x) = P_n(x) + Q_m(x)$ 可用线性表 L_R 表示：

$$L_R = (p_0 + q_0,\ p_1 + q_1,\ p_2 + q_2,\ \cdots,\ p_m + q_m,\ \cdots,\ p_{m+1},\ \cdots,\ p_n)$$

显然，可以对 L_P、L_Q 和 L_R 采用顺序存储结构，使得多项式相加的算法定义十分简单。然而，在通常的应用中，多项式的次数可能很高且变化很大，使得顺序存储结构的最大长度很难确定。特别是在处理形如：

$$S(x) = 1 + 2x^{20000} + 4x^{40000}$$

的多项式时，就要用长度为 40001 的线性表来表示，而表中仅有 3 个非零元素，这种对内存空间而言是相当浪费的。如果只存储非零系数项，显然必须同时存储相应的指数。

一般情况下，一元 n 次多项式可写成

$$P_n(x) = p_1x^{e1} + p_2x^{e2} + \cdots + p_mx^{em} \qquad 0 \leq e1 < e2 < \cdots < em = n \qquad (2-5)$$

若用一个长度为 m 且每个元素有两个数据项(系数项和指数项)的线性表

$$((p_1, e1), (p_2, e2), \cdots, (p_m, em))$$

便可以唯一确定多项式 $P_m(x)$。在最坏的情况下，n+1 个系数都不为零，则比只存储每项系数的方案多存储一倍的数据。但是，相对于 S(x)类的多项式，这种表示将大大节省空间。

对应于线性表的两种存储结构，由式(2-5)定义的一元多项式也可以有顺序存储和链式存储两种，在实际的应用中，具体采用哪一种则要看多项式作何种运算而定。若只对多项式进行求值等而不改变多项式的系数和指数的运算，则采用顺序存储结构，否则采用链式存储结构。下面讨论如何利用线性链表的基本操作来实现一元多项式的运算。

一元多项式的抽象数据类型定义如下：

ADT Polynomial {

    数据对象：D＝{ai | ai ∈TermSet, i=1, 2, …, m, m≥0

    TermSet 中的每个元素包含一个表示系数的实数和表示指数的整数 }

    数据关系：

    R1＝{<ai-1, ai>|ai-1, ai∈D, i=2, …, n

                且 ai-1 中的指数值＜ai 中的指数值 }

    基本操作：

        CreatPolyn (&P, m)

    操作结果：输入 m 项的系数和指数，建立一元多项式 P。

    DestroyPolyn (&P)

    初始条件：一元多项式 P 已存在。

    操作结果：销毁一元多项式 P。

    PrintPolyn (P)

    初始条件：一元多项式 P 已存在。

    操作结果：打印输出一元多项式 P。

    AddPolyn (&Pa, Pb)

    初始条件：一元多项式 Pa 和 Pb 已存在。

    操作结果：完成多项式相加运算，即 Pa = Pa + Pb。

    MultiplyPolyn(&Pa,Pb)

    操作结果：完成多项式相乘运算，即 Pa = Pa × Pb。

    } ADT Polynomial

实现上述定义的一元多项式，一般采用链式存储结构。例如，$B(x) = -x^4 + 3x^6 - 9x^{10} + 8x^{14}$ 多项式可以用图 2.15 所示的链表来表示。

图 2.15 多项式的链式存储结构

根据一元多项式相加的运算规则：两个一元多项式中所有指数相同的项，对应系数相加，若其和不为零，则构成新多项式中的一项；两个一元多项式中所有指数不相同的项，则分别复制到新多项式中去。

和多项式链表运算规则如下：设两个多项式都带表头结点，检测指针 qa 和 qb 分别指向两个链表当前检测结点，则比较两个结点中的指数项，有下列 3 种情况：① 指针 qa 指向结点的指数值小于指针 qb 所指向结点的指数值，则应摘取 qa 指针所指向的结点插入和多项式链表中；② 指针 qa 指向结点的指数值大于指针 qb 所指向结点的指数值，则应摘取指针 qb 所指向结点插入到和多项式链表中；③ 指针 qa 指向结点的指数值等于指针 qb 所指向结点的指数值，则将两个结点中的系数相加，如和数不为零，则修改 qa 所指结点的系数值，同时释放 qb 所指向结点；反之，从多项式 A 的链表中删除相应结点，并释放 qa 和 qb 所指结点。例如 A(x) = 1 − 3x^6 + 7x^{12} 和 B(x) = −x^4 + 3x^6 − 9x^{10} + 8x^{14} 用链表表示的多项式相加得到的和多项式链表如图 2.16 所示。

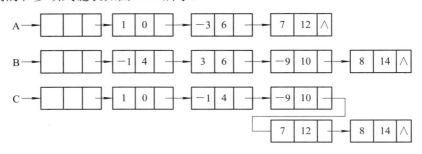

图 2.16　C(x) = A(x)+B(x)的链表

抽象数据类型 Polynomal 实现如下：

```
typedef struct term {              //多项式项的表示
    float coef;                    //系数
    int expn;                      //指数
    }term, ElemType;               //term 作为线性链表 LinkList 中的数据元素
typedef   LinkList polynomal;      //用带头结点的链表表示多项式
```

算法 2.18

构造多项式算法实现如下：

```
void CreatPolyn(LinkList &P, int m) {
// 输入 m 项的系数和指数，建立表示一元多项式的有序链表 P
LinkLis h, q, s;
ElemType e;
int i;
InitList(P);     h = GetHead(P);
e.coef = 0.0;    e.expn = -1;
SetCurElem(h, e);          // 设置头结点
for (i=1; i<=m; ++i) {   // 依次输入 m 个非零项
    scanf("%f,%d\n",&e.coef, &e.expn);
    if (!LocateElem(P, e, q, cmp)) { // 当前链表中不存在该指数项
        if (MakeNode(s,e)) InsFirst(q, s);   // 生成结点并插入链表
```

```
            if(q==P.tail) P.tail=s;
        } else i--;    //   如果没有产生插入，则将 i 值减 1
    }
} // CreatPolyn
```

算法 2.19

多项式加法算法实现如下：

```
void AddPolyn(LinkList &Pa, LinkList &Pb) {
    // 多项式加法：Pa = Pa＋Pb，利用两个多项式的结点构成"和多项式"
    Link ha,hb,qa,qb;
    ElemType a, b, temp;
    float sum;
    ha = GetHead(Pa);              // ha 和 hb 分别指向 Pa 和 Pb 的头结点
    hb = GetHead(Pb);
    qa = NextPos(Pa,ha);           // qa 和 qb 分别指向 La 和 Lb 中当前结点
    qb = NextPos(Pb,hb);
    while (qa && qb) {             // Pa 和 Pb 均非空
        a = GetCurElem (qa);      // a 和 b 为两表中当前比较元素
        b = GetCurElem (qb);
        switch (Compare(a,b)) {
            case -1:              // 多项式 Pa 中当前结点的指数值小
                ha = qa;
                qa = NextPos (Pa, qa);
                break;
            case 0:               // 两者的指数值相等
                sum = a.coef + b.coef ;
                if (sum != 0.0) {  // 修改多项式 Pa 中当前结点的系数值
                    temp.coef=sum;
                    temp.expn=a.expn;
                    SetCurElem(qa, temp) ;
                    ha = qa;
                } else {          // 删除多项式 Pa 中当前结点
                    DelFirst(ha, qa);
                    FreeNode(qa);
                }
                DelFirst(hb, qb);
                FreeNode(qb);
                qb = NextPos(Pb, hb);
                qa = NextPos(Pa, ha);
                break;
```

```
    case 1:                              // 多项式 Pb 中当前结点的指数值小
        DelFirst(hb, qb);
        InsFirst(ha, qb);
        qb = NextPos(Pb, hb);
        ha = NextPos(Pa, ha);
        break;
    } // switch
  } // while
  if (!Empty(Pb)) Append(Pa, qb);        // 链接 Pb 中剩余结点
  FreeNode(hb);                          // 释放 Pb 的头结点
} // AddPolyn
```

注意：两个多项式相乘的算法，可以利用两个一元多项式相加的算法来实现，因为乘法运算可以分解为一系列的加法运算。

小　　结

线性表在程序设计中是应用最为广泛的一种数据结构，其应用比较灵活，从一个简单的数组到复杂的记录文件都可以表示成线性表。线性表的基础知识如图 2.17 所示。

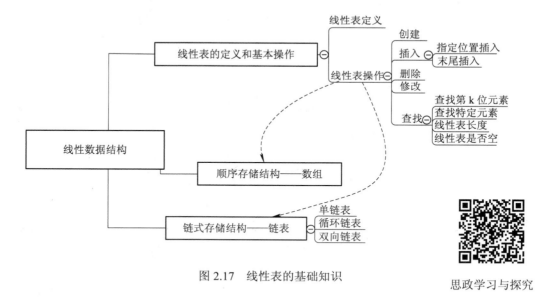

图 2.17　线性表的基础知识

思政学习与探究

习　　题

一、选择题

1. (　　　)是一种最简单的线性结构。

A. 图　　　　　　　B. 线性表　　　　　　C. 树　　　　　　D. 集合

2. 已知单链表中指针 p 指向结点 A，(   )表示删除 A 的后继结点(若存在)的链操作(不考虑回收)。

A. p->next=p

B. p=p->next

C. p=p->next->next

D. p->next=p->next->next

4. 已知 last 指针指向单向简单链表的尾结点，将 s 所指结点加在表尾，不正确的操作是(   )。

A. s->next=NULL, last->next=s,last=s;

B. s->next=NULL, last->next=s, s=last;

C. last->next=s,s->next=NULL,last=s;

D. last->next=s,last=s,last->next=NULL;

5. 有 N 个元素组成的线性表，则此线性表的长度为(   )。

A. n   B. n+1   C. n－1   D. 0

7. 对线性表中的数据元素进行(   )和(   )等操作，可实现表的长度的增长或缩短。

A. 插入   B. 遍历   C. 访问   D. 删除

8. 线性表的基本操作是用 C 语言中的(   )进行表示的。

A. 循环语句   B. 函数   C. 结构体   D. 条件语句

二、简答题

1. 说出下面几个概念的含义：

　　线性表　顺序表　头指针　头结点　单链表　循环链表　双向链表

2. 在顺序表中进行插入和删除操作时为什么必须移动数据元素?

三、编程题

1. 设一顺序表(单链表)中的元素值递增有序。写一算法，将元素 x 插入到表中适当的位置，并保持顺序表(单链表)的有序性。分析算法的时间复杂度。

2. 已知一整型顺序表 L，编写算法输出表中元素的最大值和最小值。

3. 编写一算法将整型顺序表 A 中大于 0 的元素放入顺序表 B 中,把小于 0 的元素放入顺序表 C 中。

4. 对比顺序表和链表，说明二者的主要优缺点。

5. 编写算法，逐个输出顺序表中所有的元素。

6. 编写算法，逐个输出单链表中所有结点的值。

实　　验

1. 实验目的

熟练掌握线性表的顺序存储结构。

2. 实验任务

约瑟夫环问题定义如下：假设 n 个人(从 1 到 n 进行编号)排成一个环形，给定一个正整数 m≤n，从第一个人开始，沿环计数，每遇到第 m 个人就让其出列，且计数继续下去。

这个过程一直进行到所有的人都出列为止。每个人出列的次序定义了整数 1，2，…，n 的一个排列。这个排列称为一个(n，m)的约瑟夫排列。例如，(7，3)约瑟夫排列为 3，6，2，7，5，1，4，用抽象数据类型设计一个求(n，m)约瑟夫排列的算法。

3．输入格式

输入两个整数 n 和 m，之间用空格隔开，分别表示 n 个人，沿环计数每遇到第 m 个人就出列。

4．输出格式

计算出实验任务的结果并输出显示。

```
输入示例        输出示例
7 3            3 6 2 7 5 1 4
```

(1) 线性表顺序存储结构的 C 语言描述。

```c
#define INIT_LIST_SIZE 100
#include "malloc.h"
#include "stdio.h"
typedef struct {
    int *elem;
    int length;
    int listsize;
} SqList;
```

(2) 在该实验中所用的顺序表基本操作的 C 语言实现。

```c
void InitList(SqList &L)                    //初始化顺序表
{
    L.elem=(int *)malloc(INIT_LIST_SIZE*sizeof(int));
    L.length=0;
    L.listsize=INIT_LIST_SIZE ;
}
void CreatList(SqList &L, int a[],int n)     //创建顺序表
{
    for(int i=0; i<n; i++)                   // n<INIT_LIST_SIZE
    {
        L.elem[i]=a[i];
    }
    L.length=n;
}
```

(3) 约瑟夫环在顺序存储结构下的实现。

```c
void josephus(SqList &L,int m)               //约瑟夫环的核心代码
{
    int t=0;
```

```
        if(m>L.length) printf("没有这么多人呀");
        else
        {
            for(int q=L.length; q>=1; q--)
              {
                  t=(t+m-1)%q;
                  printf("\n");
                  printf("\t%d\t", L.elem[t]);
                  for(int j=t+1; j<=q-1; j++)
                  L.elem[j-1]=L.elem[j];
              }
            printf("\n");
        }
    }
```

(4) 主程序中构建顺序存储的约瑟夫环，并检验约瑟夫环算法是否正确。

```
    int main()
    {
        SqList   L;
        InitList(L);
        int a[100],i;
        int n=0,m=0;
        printf("请键入 n m 值：");
        scanf("%d%d", &n,&m);
        for( i=0; i<n; i++)
        {
            a[i]=i+1;
        }
        CreatList(L, a, n);
        josephus(L,m);
    return 0;
    }
```

第3章　栈和队列

 学习目标

1. 熟练掌握栈和队列的结构特点。

2. 掌握栈的实现方法，特别应注意进行入栈、出栈操作时，栈中数据元素与栈的指针的关系。

3. 熟练掌握循环队列和链队列的基本操作，特别注意队满和队空条件的描述方法。

栈和队列是两种常用的数据结构，它们的逻辑结构与线性表相同，它们的基本操作是线性表操作的子集。如果对线性表中的数据按"后进先出"的规则进行操作，这种线性表结构叫作"栈"。如果对线性表中的数据按"先进先出"的规则进行操作，这种线性表结构叫作"队列"，因此，"栈"和"队列"这两种数据结构都是操作受限制的线性表。

3.1　栈

栈的概念

3.1.1　栈的定义

1. 栈的逻辑定义

栈是一端操作受限的线性表，限定只在线性表的表尾一端进行插入和删除操作，表头一端不动。其中，允许进行插入和删除操作的表尾一端称为栈顶，表头一端称为栈底。如果表中没有元素则称为空栈。插入元素的操作称为入栈，删除栈顶元素的操作称为出栈。

如图 3.1 所示的栈示意图中有三个元素，进栈的顺序依次是 a_1、a_2、a_3，当需要出栈时其顺序为 a_3、a_2、a_1，所以栈又称为后进先出的线性表(Last In First Out，LIFO)。

在日常生活中，有很多后进先出的例子。如：米桶中的米，先倒进去的最后用到，后倒进去的先用到；如洗净的盘子，放在洗好的一摞盘子上，相当于进栈，取用盘子时，一个一个从顶端拿下来，

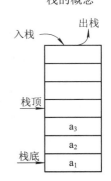

图 3.1　栈示意图

相当于出栈；如向弹夹里装子弹，子弹被一个接一个压入，相当于进栈，射击时子弹一个接一个射出，相当于子弹出栈。在程序设计中，当使用数据时的顺序与保存数据时的顺序相反时，最好用一个栈来实现。

2. 栈的抽象数据类型

栈是一种数据结构，加上一组基本操作，就构成了栈的抽象数据类型。栈的抽象数据类型定义如下：

ADT Stack{

数据对象：D={a_i| $a_i \in$ListElemSet，i=1,2···n≥0}

数据关系：R={<a_{i-1}, a_i> a_{i-1}, $a_i \in$D，i=2···n≥0，约定 a_n 端为栈顶，a_1 端为栈底}

基本操作：

Init Stack(&S)

初始条件：栈 S 不存在。

操作结果：构造了一个空栈。

DestroyStack(&S)

初始条件：栈 S 已存在。

操作结果：栈 S 被销毁。

Empty Stack(S)

初始条件：栈 S 已存在。

操作结果：若 S 为空栈返回为 1，否则返回为 0。

StackLength(S)

初始条件：栈 S 已存在。

操作结果：返回 S 的元素个数，即栈的长度。

GetTop(S, &e)

初始条件：栈 S 已存在且非空。

操作结果：用 e 返回 S 的栈顶元素。

ClearStack(&S)

初始条件：栈 S 已存在。

操作结果：将 S 清为空栈。

Push(&S，e)

初始条件：栈 S 已存在。

操作结果：在栈 S 的顶部插入一个新元素 e，e 成为新的栈顶元素，栈发生变化。

Pop(&S, &e)

初始条件：栈 S 存在且非空。

操作结果：栈 S 的顶部元素从栈中删除，并用 e 返回其值。栈中少了一个元素，栈发生变化。

StackTraverse(S, visit())

初始条件：栈 S 存在且非空。

操作结果：从栈底到栈顶依次对 S 的每个数据元素调用函数 visit()，一旦调用函数 visit()失败，则操作失败。

}ADT Stack

以后各章中引用的栈大多为以上定义的数据类型。栈的数据元素类型在应用程序中具体定义。

3.1.2 栈的顺序存储结构的表示及实现

由于栈是操作受限的线性表，因此线性表的存储结构对于栈也是适用的，只是操作不同。

顺序栈的存储实现

1. 栈的顺序存储结构的表示

1) 顺序栈

顺序栈即栈的顺序存储结构。用一组地址连续的存储单元依次存放自栈底至栈顶的数据元素，这种顺序存储方式实现的栈称为顺序栈。

类似于顺序表的定义，栈中的数据元素用一个预设的一定长度的一维数组来存储。因为栈在使用过程中所需的最大空间的大小很难预估，所以，在初始化空栈时不限定栈的最大容量，一般先为栈分配一个基本容量，然后在应用过程中，当栈的空间不够时，再逐段扩大。因此，当栈以顺序存储结构表示时，通常设两个常量：STACK_INIT_SIZE(存储空间初始分配量)和 STACKINCREMENT(存储空间分配增量)。

栈的顺序存储结构 C 语言表示：

```
#define   STACK_INIT_SIZE   100
#define   STACKINCREMENT    10
typedef struct {
    SElemType   *base;        //栈底指针
    SElemType   *top;         //栈顶指针
    int   stacksize;          //栈的最大容量，以 sizeof(SElemType)为单位
} SqStack;
```

定义一个顺序栈类型的变量：

```
SqStack S;
```

2) 顺序栈中指向栈顶、栈底的指针与栈中数据元素位置的关系

(1) 栈顶、栈底指针的设立。顺序栈中，栈底位置固定栈顶位置随着插入和删除操作而变化。因此，在使用顺序栈进行编程时，需要设如下两个指针：

① 指向栈顶的指针：设指针 S.top 为栈顶指针，始终指向栈顶元素在顺序栈中的下一个位置。

② 指向栈底的指针：设指针 S.base 为栈底指针，始终指向顺序栈中栈底元素的位置。

(2) 顺序栈中数据元素与栈的指针的关系。

在顺序栈中，当 S.base = NULL 时，表明栈结构不存在；当 S.top = S.base 时，表明栈空。栈空时栈顶指针 S.top 和栈底指针 S.base 同时指向顺序栈中栈底的位置。

当插入新的栈顶元素时，指针 S.top 增 1 称为入栈；删除栈顶元素时，指针 S.top 减 1 称为出栈，非空栈中的栈顶指针 S.top 始终指向栈顶元素的下一个位置。

顺序栈中数据元素与栈的指针的关系如图 3.2 所示。

图 3.2(a)为空栈。

图 3.2(b)是 A 元素入栈后，A 为栈顶元素，S.top 指针增 1，指向栈顶元素的下一个位置。当顺序栈入栈时，首先判断栈是否已满，若栈满，则不能入栈，否则出现栈元素溢出，引起错误，这种现象称为上溢。

图 3.2(c)是 A、B、C、D、E 等 5 个元素依次入栈之后，栈顶指针 S.top 指向的位置。

图 3.2(d)是在图 3.2(c)之后 E、D 相继出栈，此时栈中还有 3 个元素，此时 S.top 指针指向新的栈顶。当进行出栈和读栈操作时，应先判断栈是否为空，为空则不能操作，否则会产生错误。

图 3.2(e)是栈中所有的元素全部出栈后,栈顶指针 S.top 和栈底指针 S.base 指向的位置。

通常栈空时作为一种控制转移的条件。

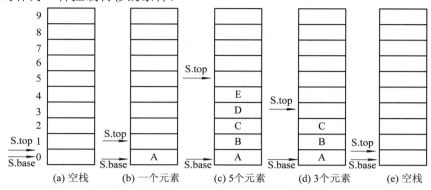

图 3.2　栈顶指针 S.top 与栈中数据元素位置的关系

2. 栈的顺序存储结构基本操作的算法实现

(1) 建空栈算法实现：首先建立栈空间，然后初始化栈顶、栈底指针。

算法 3.1

Status InitStack (SqStack &S)

{　//构造一个空栈 S

S.base=(SElemType*)malloc(STACK_INIT_SIZE* sizeof(SElemType));

if (!S.base) exit (OVERFLOW); //存储分配失败

S.top = S.base;

S.stacksize = STACK_INIT_SIZE;

return OK;

}

(2) 入栈算法实现。

算法 3.2

Status Push(SqStack &S, SElemType e)

{　//插入元素 e 为新的栈顶元素

if(S.top-S.base>=S.stacksize)

{　S.base=(SElemType*)realloc(S.base,

(S.stacksize+STACKINCREMENT)*sizeof(SElemType));

if(!S.base)exit(OVERFLOW);　　　　//存储分配失败

S.top=S.base+S.stacksize;

S.stacksize+=STACKINCREMENT;

}

*S.top++=e;//先将 e 赋给 S.top 所指向的元素，S.top 再自增

return OK;

}

(3) 出栈算法实现。

算法 3.3

Status Pop (SqStack &S, SElemType &e)

```
    {
        if  (S.top == S.base)   return ERROR;   //栈空不能出栈
        e = * -- S.top            //S.top 先自减再作*运算
        return OK;
    }
```

3.1.3　栈的链式存储结构的表示及实现

1. 栈的链式存储结构的表示

用线性表的链式存储结构实现的栈称为链栈。链栈的操作易于实现，通常用单链表表示。链栈的结点结构与单链表的结点结构相同，由数据域和指针域组成，如图 3.3 所示(S 表示链栈)。

栈的链式存储结构的 C 语言表示：

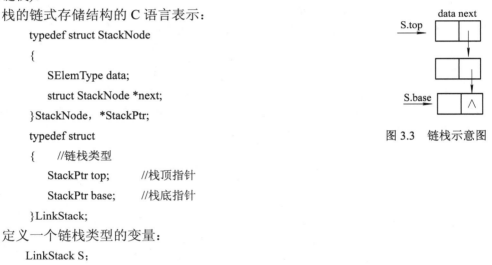

```
    typedef struct StackNode
    {
        SElemType data;
        struct StackNode *next;
    }StackNode，*StackPtr;
    typedef struct
    {    //链栈类型
        StackPtr top;    //栈顶指针
        StackPtr base;   //栈底指针
    }LinkStack;
```

图 3.3　链栈示意图

定义一个链栈类型的变量：

```
    LinkStack S;
```

链栈主要的运算，如插入、删除是在栈顶执行的。显然，链表的头部作栈顶是最方便的，没有必要像单链表那样为了运算方便附加一个头结点，如果加了头结点，就要在头结点之后的结点进行操作，会使算法复杂，所以一般多使用链表的头指针作为栈顶指针指向栈顶。

链栈无栈满问题，空间可动态扩充，因此，链栈没有溢出的限制，它就像一条一头固定的链子，可以在活动的一头自由地增加链环(结点)而不会溢出。

2. 栈的链式存储结构基本操作的算法实现

栈的链式存储结构基本操作的算法实现如下。

(1) 判断栈空算法实现。

算法 3.4

```
    Status Empty_LinkStack(LinkStack S)
    {   if(S.top == S.base)      return OK;
        else    return ERROR;
    }
```

(2) 入栈算法实现。算法 3.5 的基本操作如图 3.4 所示。

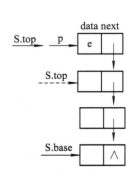

图 3.4　入链栈示意图

算法 3.5

```
Status Push_LinkStack(LinkStack &S, SElemType e)
{
    StackNode    *p;
        p=(StackNode*)malloc(sizeof(StackNode));
        p->data=e;
        p->next=S.top;
        S.top=p;
        return OK;
}
```

(3) 出栈算法实现。算法 3.6 的基本操作如图 3.5 所示。

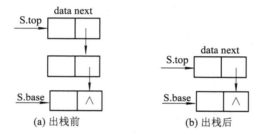

(a) 出栈前   (b) 出栈后

图 3.5   出链栈示意图

算法 3.6

```
Status Pop_LinkStack (LinkStack &S, SElemType & e)
{
    StackNode *p;
    if (S.top= =S.base)        return NULL;
    else
    {
        e = S.top->data;
        p = S.top;
        S.top = S.top->next;
        free (p);
        return    OK;
    }
}
```

3.2   栈的应用举例

日常生活中很多实际问题都有"后进先出"的特点，具有这个特点的数据结构命名为
"栈"。在程序设计中，栈是解决这类问题的有用工具，下面举例说明。

3.2.1　数制转换问题

例 3.1　利用栈这个数据结构将十进制数 N 与其他进制 d 进行转换。

转换方法利用辗转相除法，算法基于以下原理：

$$N = (N \text{ div } d) \times d + N \bmod d$$

以 N = 3467，d = 8 为例，则

$$(3467)_{10} = (6613)_8$$

1. 分析

按照十进制数向八进制数的转换原理，得到按低位到高位顺序产生的八进制数，产生的数字序列依次为 3、1、6、6，如图 3.6(a)所示。按此顺序将产生的数字入栈，如图 3.6(b)所示，根据数制转化原理，输出是从高位到低位的，恰好与计算过程相反，因此，输出时将入栈的数字依次出栈，6、6、1、3 正好是转换结果。

(a) 十进制数与八进制数的转换原理

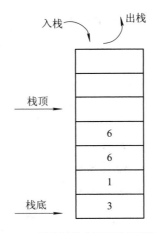

(b) 数制转换中顺序栈示意图

图 3.6　十进制数与八进制数的转换原理及数制转换中顺序栈示意图

2. 编写 conversion()函数实现十进制数 N 与八进制数的转换

算法 3.7

```
void conversion()
{   // 对于输入的任意一个非负十进制整数，打印输出与其等值的八进制数
```

```
SqStack s;              // 定义栈 s 为顺序存储结构
unsigned n;             // 非负整数
SElemType e;
InitStack(&s);          // 初始化栈
printf("n(>=0)=");
scanf("%u",&n);         // 输入非负十进制整数 n
while(n)                // 当 n 不等于 0
{
  Push(&s,n%8);         // 入栈 n 除以 8 的余数(8 进制的低位)
  n=n/8;
}
while(!StackEmpty(s))   // 当栈不空
{
  Pop(&s,&e);           // 弹出栈顶元素且赋值给 e
  printf("%d",e);       // 输出 e
}
printf("\n");
}
```

初学者往往将栈视为一个很复杂的东西,不知道如何使用,通过这个例子可以消除栈的"神秘",当应用程序中需要一个与数据保存时顺序相反的数据时,就要想到栈。通常用顺序栈较多,因为很便利。

栈的操作调用了栈的相关基本操作,此程序是用 C 语言编写的,请读者注意。

3.2.2 利用栈实现迷宫求解

例 3.2 迷宫求解是实验心理学中的一个经典问题,心理学家把一只老鼠从一个无顶盖的大盒子的入口处赶进迷宫。迷宫中设置很多墙壁,对前进方向形成了多处障碍,心理学家在迷宫的唯一出口处放置了一块奶酪,以吸引老鼠在迷宫中寻找通路到达出口。

求解思想:计算机解迷宫时,通常用的是"穷举求解"的方法,即从入口出发,顺某一方向向前探索,若能走通(未走过的),则继续往前走到达新点,否则返回试探下一方向;若所有的方向均没有通路,则沿原路返回前一点,换下一个方向再继续试探,直到所有可能的通路都探索到,或找到一条通路,或无路可走又返回到入口点。

在求解过程中,为了保证到达某一点后不能向前继续行走(无路)时能正确返回前一点以便继续从下一个方向向前试探,则需要用一个后进先出的结构来保存从入口到当前位置的路径。因此,在求迷宫通路的算法中应用数据结构"栈"来保存数据,即所能够到达的每一点的下标数据及从该点前进的方向数据。需要解决以下四个问题:

1. 表示迷宫的数据结构

设迷宫为 m 行 n 列,利用 maze[m][n] 来表示一个迷宫,maze[i][j]=0 或 1;其中,0 表示通路,1 表示不通,当从某点向下试探时,中间点有 8 个方向可以试探,(见图 3.8)而四个角点有 3 个方向，其他边缘点有 5 个方向，为使问题简单化，用 maze[m+2][n+2]来表示迷宫，而迷宫四周的值全部为 1。这样做可使问题简单明了，每个点的试探方向全部为 8，不用再判断当前点的试探方向有几个，同时与迷宫周围是墙壁这一实际问题相一致。

　　如图 3.7 表示的迷宫是一个 6×8 的迷宫。入口坐标为(1，1)，出口坐标为(6，8)。

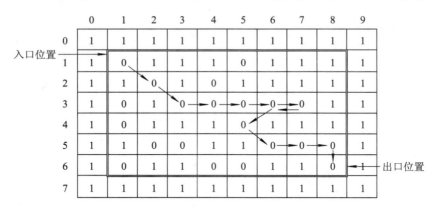

图 3.7　　用 maze[m+2][n+2](即 maze[8][10])表示的 6×8 迷宫

迷宫的定义如下：

```
#define   m   6          // 迷宫的实际行
#define   n   8          // 迷宫的实际列
int maze [m+2][n+2] ;
```

2．试探方向

　　在上述表示迷宫的情况下，每个点有 8 个方向去试探，如当前点的坐标(x,y)，与其相邻的 8 个点的坐标都可根据与该点的相邻方位而得到，如图 3.8 所示。因为出口在(m，n)处，因此试探顺序规定为：从当前位置向前试探的方向为从正东沿顺时针方向进行。为了简化问题，方便地求出新点的坐标，将从正东开始沿顺时针方向的这 8 个方向的坐标增量放在一个结构数组 direct[8]中，在 direct 数组中，每个元素由两个域 x 和 y 组成，x 为横坐标增量，y 为纵坐标增量。方向数组 direct 如图 3.9 所示。

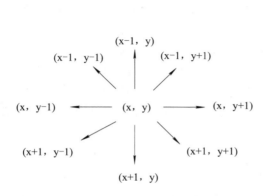

	x	y
0	0	1
1	1	1
2	1	0
3	1	-1
4	0	-1
5	-1	-1
6	-1	0
7	-1	1

图 3.8　与点(x，y)相邻的 8 个点及坐标　　　　　图 3.9　方向数组 direct

direct 方向数组定义如下：

```
typedef   struct
{
    int x，y；
} item；
item direct [8]；
```

这样的 direct 设计能很方便地求出从某点(x，y)按某一方向 d(0≤d≤7)到达的新点(i，j)的坐标：i=x+direct [d].x ； j=y+direct [d].y。

3. 栈的设计

当到达某点而无路可走时需返回前一点，再从前一点开始向下一个方向继续试探。因此，压入栈中的不仅是顺序到达的各点的坐标，而且还有从前一点到达本点的方向。对于图 3.7 所示的迷宫，依次入栈如图 3.10 所示。

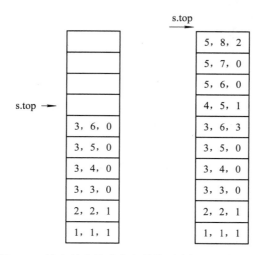

图 3.10　栈中保存的迷宫中的位置坐标及方向数据

栈中每一组数据是所到达的每点的坐标及从该点向下走的方向，对于图 3.7 所示迷宫，走的路线为(1，1，1)→(2，2，1)→(3，3，0)→(3，4，0)→(3，5，0)→(3，6，0)(每点的位置坐标及方向)，当从点(3，6)沿方向 0 到达点(3，7)之后无路可走，则应回溯，即退回到点(3，6)，对应的操作是出栈，沿下一个方向即方向 1 继续试探，方向 1、2 试探失败，在方向 3 上试探成功，因此将(3，6，3)压入栈中，即到达了(4，5)点，如图 3.7 中的箭头所示。如此循环试探，最终到达迷宫的出口位置(6，8)。

栈中元素是一个由行、列、方向组成的三元组，栈元素的设计如下：

```
typedef struct
{
    int x，y，d；             //横纵坐标及方向
}datatype；
```

栈的定义采用本章中所用的顺序栈：

```
Sqstack   s；
```

4. 防止重复到达某点，以避免发生死循环

一种方法是另外设置一个标志数组 mark[m][n]，它的所有元素都初始化为 0，一旦到达了某一点(i，j)之后，使 mark[i][j]置 1，下次再试探这个位置时就不能再走了。另一种方法是当到达某点(i，j)后使 maze[i][j]置 −1，以便区别未到达过的点，同样也能起到防止走重复点的目的，本书采用后者方法，算法结束前可恢复原迷宫。

迷宫求解算法思想如下：

(1) 栈初始化；

(2) 将入口点坐标及到达该点的方向(设为−1)入栈；

(3) while (栈不空)。
```
    {
        栈顶元素＝＞(x，y，d)
        出栈 ；
        求出下一个要试探的方向 d++ ；
        while (还有剩余试探方向时)
        {
            if   (d 方向可走)
            则  { (x，y，d)入栈 ；
                    求新点坐标   (i，j) ；
                    将新点(i，j)切换为当前点(x，y) ；
                     if   ( (x，y)＝＝(m,n) ) 结束 ；
                     else  重置 d=0 ；
            }
            else   d++ ；
        }
    }
```

算法 3.8
```
    int    path(maze，direct)
    {
    int maze[m][n] ;
    item direct [8] ;
    SqStack    s ;
    datetype    temp ;
    int x, y, d, i, j ;
    temp.x=1 ;   temp.y=1 ;   temp.d=-1 ;
    Push(s，temp) ;
    while (! Empty(s) )
    {
        Pop(s,& temp) ;
        x=temp.x ;   y=temp.y ;   d=temp.d+1 ;
```

```
while  (d<8){
    i=x+direct [d].x ;    j=y+direct [d].y ;              //从某点(x, y)按 d 方向到达新点(i, j)
    if  ( maze[i][j]= =0 )
    {
        temp={x, y, d} ;
        Push ( s, temp ) ;
        x=i ;   y=j ;   maze[x][y]= -1 ;
        if  (x==m&&y= =n)   return 1 ;        //迷宫有路
        else   d=0 ;
    }
    else   d++ ;
}                    // while (d<8)
}                    // while
return  0 ;          //迷宫无路
}
```

栈中保存的是一条迷宫的通路。

栈还有另外两个重要应用：一是利用栈实现表达式求值，这是程序设计语言编译中一个最基本的问题，它的实现需要栈的加入，如选用数据结构栈，利用"算符优先法"对表达式求值；二是利用栈在程序设计语言中实现递归过程。现实中，有许多实际问题是递归定义的，这时用递归方法可以大大简化许多问题的结果，如利用递归方法求 n!。

3.3 队   列

3.3.1 队列的定义

1. 队列的概念

队列是一种先进先出的线性表(First In First Out，FIFO)，它只允许在表的一端进行插入操作，而在表的另一端进行删除操作，是一种运算受限制的线性表。如图 3.11 所示。在编程解决实际问题中经常使用这种数据结构。

图 3.11 队列示意图

在队列中，允许插入的一端叫队尾(rear)，允许删除的一端叫队头(front)。入队的顺序依次为 a_1、a_2、a_3、a_4、a_5、…，出队时的顺序依然是 a_1、a_2、a_3、a_4、a_5、…。日常生活中像排队这种"先进先出"的现象非常普遍，如排队买东西，排头的买完后走了，新来的排在队尾。

2. 队列的抽象数据类型定义

```
ADT Queue {
    数据对象：D = {a_i | a_i ∈ List ElemSet, i=1, 2, …, n, n≥0}
```

数据关系：R = {<a_{i-1}，a_i> | a_{i-1}，$a_i \in$ D，i = 2，…，n}

约定其中 a_1 端为队列头，a_n 端为队列尾

基本操作：

InitQueue(&Q)

操作结果：构造一个空队列 Q。

DestroyQueue(&Q)

初始条件：队列 Q 已存在。

操作结果：队列 Q 被销毁，不再存在。

QueueEmpty(Q)

初始条件：队列 Q 已存在。

操作结果：若 Q 为空队列，则返回 TRUE，否则返回 FALSE。

QueueLength(Q)

初始条件：队列 Q 已存在。

操作结果：返回 Q 的元素个数，即队列的长度。

GetHead(Q, &e)

初始条件：Q 为非空队列。

操作结果：用 e 返回 Q 的队头元素。

ClearQueue(&Q)

初始条件：队列 Q 已存在。

操作结果：将 Q 清为空队列。

EnQueue(&Q, e)

初始条件：队列 Q 已存在。

操作结果：插入元素 e 为 Q 的新的队尾元素(也称入队)。

DeQueue(&Q, &e)

初始条件：Q 为非空队列。

操作结果：删除 Q 的队头元素，并用 e 返回其值(也称出队)。

QueueTravers(Q, visit())

初始条件：Q 为已存在且非空队列。

操作结果：从队头到队尾，依次对 Q 的每个数据元素调用函数 visit()。一旦调用函数 visit()失败，则操作失败。

} ADT Queue

3.3.2　队列的顺序存储结构

队列有顺序存储和链式存储两种存储方法。

1. 队列顺序存储结构

以顺序结构存储的队列称为顺序队。除了队列中的数据外，队头和队尾都是可操作的，因此在编程时要使用两个指针：队头指针、队尾指针。

顺序队的类型定义如下：

```
define  MAXSIZE    1024              //队列的最大长度
```

```
typedef   struct
{
    QElemType *base;                    //顺序队的基址
    int rear, front;                    //队头队尾指针
}SqQueue;
```

定义一个顺序队类型的变量，即

　　SqQueue Sq;

为了在 C 语言中描述方便起见，在此我们约定：初始化建空队列时，令 Sq.front = = Sq.rear = 0，每当插入新的队列尾元素时，尾指针增 1，每当删除队列头元素时，头指针增 1。因此，在非空队列中，头指针始终指向队列头元素，而尾指针始终指向队列尾元素的下一个位置，如图 3.12 所示。

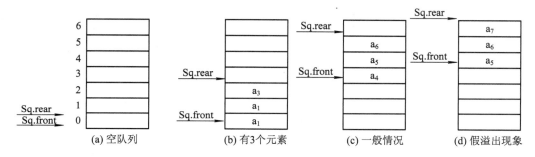

图 3.12　队列操作示意图

从图 3.12 可以看到，随着入队、出队的进行，会使整个队列整体向后移动，这样就出现了图 3.12(d)中的现象：队尾指针已经移到了最后，再有元素入队就会出现溢出，而事实上此时队中并未真的"满员"，这种现象叫"假溢出"，这是由于"队尾入，队头出"这种受限制的操作所造成的。解决"假溢出"可以使用循环队。

2. 循环队

1) 概念

循环队是将顺序队设想为一个环状的空间，如图 3.13 所示，称为循环队。指针和队列元素之间的关系不变。即将顺序队中的数据区 Sq.base[0..MAXSIZE-1]看成头尾相接的循环结构，头尾指针的关系不变。

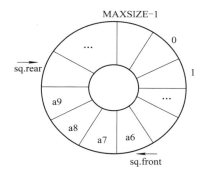

图 3.13　循环队示意图

2) 循环队基本操作

循环队是头尾相接的循环结构，入队时的队尾指针加 1，操作修改如下：

　　　Sq.rear=(Sq.rear+1) % MAXSIZE;

出队时的队头指针加 1 操作修改如下：

　　　Sq.front=(Sq.front+1) % MAXSIZE;

设 MAXSIZE=10，如图 3.14 所示是循环队操作示意图。

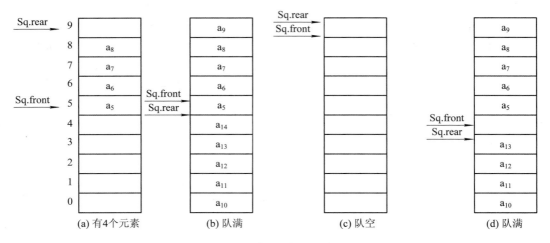

图 3.14　循环队操作示意图

如图 3.14 所示的循环队可以看出，图 3.14(a)中具有 a_5、a_6、a_7、a_8 四个元素，此时 sq.front = 5，Sq.rear = 9，随着 a_9～a_{14} 相继入队，队中具有了 10 个元素——队满，此时 Sq.front = 5，Sq.rear = 5，如图 3.14(b)所示，可见在队满情况下有：Sq.front == Sq.rear。若在如图 3.14(a)所示的情况下，a_5~a_8 相继出队，此时队空，Sq.front=9，Sq.rear=9，如图 3.14(c)所示，即在队空情况下也有：Sq.front == Sq.rear。也就是说"队满"和"队空"的条件相同。这显然是必须要解决的一个问题。

方法之一是附设一个存储队列中元素个数的变量如 num，当 num == 0 时队空，当 num == MAXSIZE 时队满。

另一种方法是少用一个元素空间，如图 3.14(d)所示的情况就视为队满，此时的状态是队尾指针加 1 就会从后面赶上队头指针，这种情况下队满的条件是(Sq.rear+1)% MAXSIZE == Sq.front，也能和空队区别开，本书采用该方法。

3) 循环队的类型定义及基本操作的程序实现

(1) 循环队的类型定义。

算法 3.9

```
typedef    struct
{
    QElemType    *base;        //初始化的动态分配存储空间
    int front,rear;            //队头、队尾指针
} SqQueue;                     //循环队的顺序存储结构
```

(2) 置空队的算法实现如下所示。

算法 3.10

```
Status InitQueue ( SqQueue &Q)
{
    Q.base=(QElemType*)malloc(MAXQSIZE*sizeof(QElemType));
    Q.front=Q.rear=0;
    return OK;
}
```

(3) 入队的算法实现如下所示。

算法 3.11

```
Status   EnQueue ( SqQueue &Q , QElemType e)
{ //插入新的队尾元素 e
    if( Q. rear= =(Q.rear+1) % MAXSIZE)   return ERROR;   //队列满
    Q.base[Q.rear] = e;
    Q.rear = (Q.rear+1) % MAXQSIZE;
        return OK;                                      //入队完成
}
```

(4) 出队的算法实现如下所示。

算法 3.12

```
Status   DeQueue ( SqQueue &Q, QElemType   &e)
//若队列不空，则删除 Q 的队头元素，用 e 返回其值，并返回 OK,否则返回 ERROR
{
    if( Q. front = = Q.rear+1)   return ERROR;
    e = Q.base[Q.front];
    Q.front = (Q.front+1) % MAXQSIZE;
    return OK;
}
```

3.3.3　队列的链式存储结构

1. 概念

使用链式存储结构存储的队列称为链队。

和链栈类似，用单链表来实现链队。根据队的先入先出(FIFO)原则，为了操作上的方便，使用一个头指针和尾指针，如图 3.15 所示。

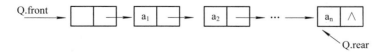

图 3.15　链队示意图

如图 3.15 所示，头指针 front 和尾指针 rear 是两个独立的指针变量，通常将二者封装在一个结构中。

2. 链队的表示

```
typedef struct QNode {              // 结点类型
    QElemType     data;
    struct QNode   *next;
} QNode, *QueuePtr;
typedef struct {                    // 链队类型
    QueuePtr   front;               // 队头指针
    QueuePtr   rear;                // 队尾指针
} LinkQueue;
```

定义一个链队类型的变量：

```
LinkQueue Q;
```

按这种思想建立的带头结点的链队如图 3.16 所示。

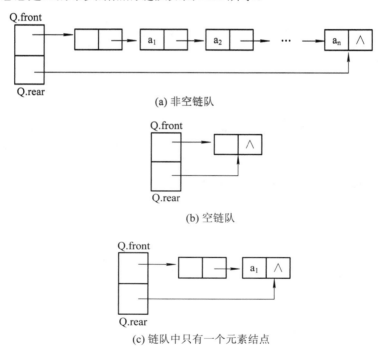

(a) 非空链队

(b) 空链队

(c) 链队中只有一个元素结点

图 3.16　头尾指针封装在一起的链队

3. 链队的基本运算

1) 链队初始化的算法实现

链队初始化即创建一个带头结点的空链队，如算法 3.13 所示。

算法 3.13

```
Status InitQueue (LinkQueue &Q) {
    // 构造一个空链队 Q
    Q.rear = (QueuePtr) malloc (sizeof(QNode));
```

```
                Q.front = Q.rear;
                if (!Q.front) exit (OVERFLOW); //存储分配失败
                Q.front->next = NULL;
                return OK;
            }
```

2) 入链队的算法实现

入链队的算法实现如算法 3.14 所示。

算法 3.14

```
        Status EnQueue (LinkQueue &Q, QElemType e)
        {
                // 插入元素 e 为 Q 新的链队队尾元素
                p = (QueuePtr) malloc (sizeof(QNode));
                if (!p)   exit (OVERFLOW);      //存储分配失败
                p->data = e;
                p->next = NULL;
                Q.rear->next = p;
                Q.rear = p;
                return OK;
            }
```

3) 判断链队为空的算法实现

判断链队为空的算法实现如算法 3.15 所示。

算法 3.15

```
        Status EmptyQueue (LinkQueue &Q)
        {   //判断链队列为空
            if(Q.front = = Q.rear)
                return OK;
            else return False;
        }
```

4) 出链队的算法实现

出链队的算法实现如算法 3.16 所示。

算法 3.16

```
        Status DeQueue (LinkQueue &Q, QElemType &e)
        {   // 若链队不空，则删除 Q 的链队头元素
            //用 e 返回其值，并返回 OK；否则返回 ERROR
            if (Q.front == Q.rear)
            return ERROR;
            p = Q.front->next;
            e = p->data;
```

```
        Q.front->next = p->next;
        if (Q.rear == p)    Q.rear = Q.front;
        free (p);
            return OK;

}
```

3.4　队列的应用举例

例 3.2　求迷宫的最短路径。

设计一个算法找一条从迷宫入口到出口的最短路径。

1．算法的基本思想

从迷宫入口点(1, 1)出发，向四周搜索，记下所有一步能到达的坐标点；然后依次从这些点出发，再记下所有一步能到达的坐标点，……以此类推，直到到达迷宫的出口点(m,n)为止，然后从出口点沿搜索路径回溯直至入口，就找到了一条迷宫的最短路径，否则迷宫无路径。

2．数据结构的选用

有关迷宫的数据结构、试探方向、如何防止重复到达某点以避免发生死循环的问题与利用栈实现迷宫求解的处理方法相同，不同的是在搜索路径过程中必须记下每一个可到达的坐标点，并从这些点出发继续向四周搜索。先到达的点先向下搜索，具有先进先出的特点，因而使用数据结构——队列来保存已到达的坐标点。

到达迷宫的出口点(m, n)后，为了能够从出口点沿搜索路径回溯直至入口，对于每一点，记下其坐标的同时，还要记下到达该点的前驱点，因此，用一个结构数组 sq[num]作为队列的存储空间，因为迷宫中每个点至多被访问一次，所以 num 至多等于 m*n。sq 的每一个结构有三个域：x、y 和 pre，其中 x、y 为所到达的点的坐标，pre 为前驱点在 sq 中的坐标，是一个静态链域。除 sq 外，还有队头、队尾指针：front 和 rear 用来指向队头和队尾元素。

队的定义如下：

```
        typedef    struct
        {
            int x,y;
            int pre;
        }SqType;
        SqType sq[num];
        int front,rear;
```

3．求迷宫最短路径算法

初始状态，队列中只有一个元素 sq[1]，记录的是入口点的坐标(1，1)，因为该点是出发点，因此没有前驱点，pre 域为 −1，队头指针 front 和队尾指针 rear 均指向它，此后搜索时都是以 front 所指点为搜索的出发点，当搜索到一个可到达点时，即将该点的坐标及 front 所指点的位置入队，不但记下了到达点的坐标，还记下了它的前驱点的坐标。front 所指的点的 8 个方向搜索完毕后，则出队，继续对下一点进行搜索。搜索过程中遇到出口点则成功，搜索结束，打印出迷宫最短路径，算法结束；或者当前队空，即没有搜索点了，表明没有路径，算法也结束，如算法 3.17 所示。

算法 3.17

```
void path(maze, move)
{
    int maze[m][n];                    //迷宫数组
    item move[8];                      //坐标增量数组
    SqType sq[NUM];
    int front, rear;
    int x, y, i, j, v;
    front=rear=0;
    sq[ 0 ].x=1; sq[ 0 ].y=1; sq[ 0 ].pre=-1;        //入口点入队
    maze[1,1]=-1;
    while (front<=rear)                //队列不空
    {
        x=sq[front].x ;    y=sq[front].y;
        for (v=0; v<8; v++)
        {
            i=x+move[v].x;    j=y+move[v].y;
            if (maze[i][j]==0)
            {
                rear++;
                sq[rear].x=i; sq[rear].y=j;    sq[rear].pre=front;
                maze[i][j]=-1;
            }
            if (i==m&&j==n)
            {
                printpath(sq, rear);    //打印迷宫
                restore(maze);          //恢复迷宫
                return 1;
            }
        }          //for
        front++;           //当前点搜索完，取下一个点搜索
    }                      // while
    return 0;
}                          // path
```

```
void printpath(SqType sq[], int rear)        //打印迷宫路径
{
    int    i;
      i=rear;
    do
    {
        printf( "   %d, %d " , sq[i].x , sq[i].y) ;
            i=sq[i].pre;                 //回溯
    }
    while (i!=-1);
}                    //printpath
```

4.演示迷宫算法执行的过程

对于如图 3.17(a)所示的迷宫搜索过程和队列中的数据如图 3.17(a)和图 3.17(b)所示。

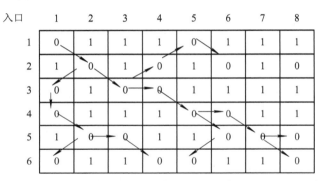

(a) 用二维数组表示的迷宫　　　　　　　　出口

	0	1	2	3	4	5	6	7	8	9	10	11	12	13	14	15	16	17	18	19	...
x	1	2	3	3	3	2	4	4	1	5	4	5	2	5	6	5	6	6	5	6	
y	1	2	3	1	4	4	1	5	5	2	6	6	3	1	7	5	4	8	8		
prey	-1	0	1	1	2	2	3	4	5	6	7	7	8	9	9	10	11	13	15	15	

(b) 队列中的数据

图 3.17　迷宫搜索过程

运行结果如下：

　　(6，8)←(5，7)←(4，6)←(4，5)←(3，4)←(3，3)←(2，2)←(1，1)

在上面的例子中，不能采用循环队列，因为在本问题中，队列中保存了搜索到的路径序列，如果用循环队列，则会把先前得到的路径序列覆盖掉。而在有些问题中，如持续运行的实时监控系统中，监控系统源源不断地收到监控对象顺序发来的信息(如报警)，为了保持报警信息的顺序性，就要按顺序一一保存，而这些信息是无穷多个，不可能全部同时驻留内存，可根据实际问题，设计一个适当大的向量空间用作循环队列，最初收到的报警信息一一入队，当队满之后，又有新的报警到来时，新的报警则覆盖掉旧的报警，内存中

始终保持当前最新的若干条报警，以便满足快速查询。

小　结

栈和队列在计算机中的应用非常广泛，其包含的主要基本知识如图 3.18 所示。

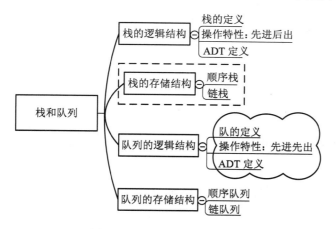

图 3.18　栈和队列的基本知识

思政学习与探究

习　题

一、选择题

1. 栈的特点是(　　)。

A. 先进先出　　　　　B. 后进先出　　　　　C. 栈空则进　　　　　D. 栈满则出

2. 栈插入和删除元素操作的位置是(　　)。

A. 栈底　　　　　B. 栈顶　　　　　C. 任意位置　　　　　D. 指定位置

3. 设有一个栈，元素的进栈顺序为 A、B、C、D、E，下列(　　)是不可能的出栈序列。

A. A，B，C，D，E　　　　　　　　　B. B，C，D，E，A

C. E，A，B，C，D　　　　　　　　　D. E，D，C，B，A

4. 栈和队列的共同点是(　　)。

A. 都是先进先出　　　　　　　　　　B. 都是先进后出

C. 只允许在端点处插入和删除元素　　D. 没有共同点

5. 在具有 n 个存储单元的顺序存储的循环队列中，假定 front 和 rear 分别为队头指针和队尾指针，则判断队满的条件为(　　)。

A. rear %n=front　　　　　　　　　　B. (front+1)%n=rear

C. rear%n-1=front　　　　　　　　　D. (rear+1)%n=front

二、填空题

线性表、栈和队列都是_____结构，可以在线性表的_____位置插入和删除元素，栈只能在＿＿＿＿位置插入和删除元素，队只能在＿＿＿＿位置插入和＿＿＿＿位置删除元素。

三、简答题

1. 简要说明栈和队列数据结构的特点，以及什么情况下用到栈，什么情况下用到队列。

2. 设有编号为 1、2、3、4 的四辆车，顺序进入一个栈式结构的站台，试写出这四辆车开出车站的所有可能的顺序(每辆车可能入站，可能不入站，时间也可能不等)。

四、编程题

请编写一个完整的可执行程序，利用栈实现例 3.2 迷宫问题求解。

实　验

1．实验目的

熟练掌握栈的顺序存储结构和基本操作的实现。

2．实验任务

检查输入的系列括号(小括号、中括号和花括号)是否匹配。

3．输入格式

输入由括号组成的串。

4．输出格式

输出匹配结果。

```
输入示例      输出示例
({[ ]})       括号匹配
({}[         括号不匹配
```

(1) 栈的顺序存储结构 C 语言描述。

```c
#define STACK_INIT_SIZE 10      //存储空间初始分配量
#define STACKINCREMENT 2        //存储空间分配增量
typedef char ElemType;
typedef int Status;
#define TRUE 1
#define FALSE 0
#define OK 1
typedef struct SqStack
{
    ElemType *base;
    ElemType *top;
    int stacksize;
}SqStack;
```

(2) 实验中所用顺序栈的基本操作的 C 语言实现。

```c
void InitStack(SqStack &S)      // 构造一个空栈 S
```

```
{    S.base=(ElemType *)malloc(STACK_INIT_SIZE*sizeof(ElemType));
    if(!S.base)
        exit(-1);                      // 存储分配失败
    S.top=S.base;
    S.stacksize=STACK_INIT_SIZE;
    }
Status Push(SqStack &S,ElemType e)    // 插入元素 e 为新的栈顶元素
{
    if(S.top-S.base>=S.stacksize)          //栈满，追加存储空间
    {
        S.base=(ElemType
            *)realloc(S.base,(S.stacksize+STACKINCREMENT)*sizeof(ElemType));
        if(!S.base)
            exit(-1);                   // 存储分配失败
        S.top=S.base+S.stacksize;
        S.stacksize+=STACKINCREMENT;
    }
    *S.top++=e;
    return OK;
}
Status Pop(SqStack &S,ElemType &e)
{   //删除 S 的栈顶元素，用 e 返回其值，并返回 OK；否则返回 ERROR
    if(S.top==S.base)
        return FALSE;
    e=*--S.top;
    return OK;
}
Status Check(SqStack &s,ElemType e)
{
ElemType a;
Pop(s,a);
if( a=='(' && e==')' ||a=='['&& e==']' ||a=='{'&& e=='}' )
    return TURE;
return FALSE;
}
Status EnterString(SqStack &s)
{//检查输入的系列括弧是否匹配算法
ElemType e;
while ((e=getchar())!='\n')
```

```
    {
      if(e=='('||e=='['||e=='{') Push(s,e);
      else if(e==')'||e==']'||e=='}')
      {
        if(!Check(s,e))
          return FALSE;
      }
    }
    return TRUE;
    }
```

(3) 编写主函数进行算法验证。

```
    int main()
    {SqStack s;
    InitStack(s);
    if(EnterString(s))
      printf(" 括号匹配 \n");
    else
      printf(" 括号不匹配 \n");
    return 0;
    }
```

第 4 章 串

学习目标

1. 掌握串的定义及其基本操作，并能利用这些基本操作实现串的其他各种操作。
2. 掌握串的定长顺序存储结构。
3. 掌握串的堆存储结构。

串(即字符串)是一种特殊的线性表，它的数据元素是单个字符。在计算机非数值处理的对象中，字符串数据是经常处理的对象，如在汇编和高级语言的编译程序中，源程序和目标程序都是字符串数据；在事务处理程序中，顾客的姓名、地址，货物的产地、名称等，一般也是作为字符串数据处理的；信息检索系统、文字编辑程序、问答系统、自然语言翻译系统都是以字符串数据作为处理对象的。在 C 语言中，有字符变量、字符串常量，但没有专门的字符串变量。本章把串作为一个独立的数据结构概念加以研究，介绍串的存储结构及基本运算。

4.1 串 的 定 义

串的定义

1. 串的定义

串是由零个或多个任意字符组成的字符序列。一般记作：
$$s = "s_1, s_2, \cdots, s_n" \quad (n \geq 0)$$
其中，s 是串变量名。本书中用双引号作为串的定界符，双引号引起来的字符序列为串值，双引号本身不属于串的内容，其作用是避免与变量名或数的常量混淆。$s_i(1 \leq i \leq n)$是一个任意字符，称为串的元素，是构成串的基本单位，可以是字母、数字或其他字符；i 是它在整个串中的序号。

2. 术语

(1) 串的长度：串中的字符个数称为串的长度。

(2) 子串与主串：串中任意个连续的字符组成的序列称为该串的子串。包含子串的串相应地称为主串。任意串是自己的子串。

(3) 子串的位置：子串的第一个字符在主串中的序号称为子串的位置。

(4) 空串：包含零个字符(n=0)的串称为空串，通常记为 Φ，其长度为零；空串是任意串的子串。

(5) 空格串：由一个或多个空格字符组成的串称为空格串。

注意：空串与空格串截然不同，空串不包含任何字符，而空格串包含空格。

3. 串的抽象数据类型的定义

串的抽象数据类型的定义如下：

ADT String {

    数据对象：$D = \{a_i | a_i \in CharacterSet，i = 1，2，\cdots，n，n \geqslant 0\}$

    数据关系：$R1 = \{< a_{i-1}，a_i > | a_{i-1}，a_i \in D，i = 2，\cdots，n\}$

    基本操作：

        StrAssign (&T, chars)

    初始条件：chars 是字符串常量。

    操作结果：把 chars 赋为 T 的值。

        StrCopy (&T, S)

    初始条件：串 S 存在。

    操作结果：由串 S 复制得串 T。

        StrCompare (S, T)

    初始条件：串 S 和 T 存在。

    操作结果：若 S > T，则返回值 > 0；若 S = T，则返回值 = 0；若 S < T，则返回
             值 < 0。

        StrLength (S)

    初始条件：串 S 存在。

    操作结果：返回 S 的元素个数，称为串的长度。

        Concat (&T, S1, S2)

    初始条件：串 S1 和 S2 存在。

    操作结果：用 T 返回由 S1 和 S2 连接而成的新串。

        SubString (&Sub, S, pos, len)

    初始条件：串 S 存在，$1 \leqslant pos \leqslant StrLength(S)$ 且 $0 \leqslant len \leqslant StrLength(S)-pos+1$。

    操作结果：用 Sub 返回串 S 的第 pos 个字符起始且长度为 len 的子串。

        ClearString (&S)

    初始条件：串 S 存在。

    操作结果：将串 S 清为空串。

        StrEmpty (S)

    初始条件：串 S 存在。

    操作结果：若 S 为空串，则返回 TRUE，否则返回 FALSE。

        Index (S, T, pos)

    初始条件：串 S 和 T 存在，T 是非空串，$1 \leqslant pos \leqslant StrLength(S)$。

    操作结果：若主串 S 中存在和串 T 值相同的子串，则返回它在主串 S 中第 pos
             个字符之后第一次出现的位置；否则函数值为 0。

        Replace (&S, T, V)

初始条件：串 S、T 和 V 存在，T 是非空串。

操作结果：用 V 替换主串 S 中出现的所有与 T 相等的不重叠的子串。

StrInsert (&S, pos, T)

初始条件：串 S 和 T 存在，1≤pos≤StrLength(S)+1。

操作结果：在串 S 的第 pos 个字符之前插入串 T。

StrDelete (&S, pos, len)

初始条件：串 S 存在，1≤pos≤StrLength(S)-len+1。

操作结果：从串 S 中删除第 pos 个字符起始且长度为 len 的子串。

DestroyString (&S)

初始条件：串 S 存在。

操作结果：串 S 被销毁。

} ADT String

在上述串的抽象数据类型定义的 13 种操作中，前 6 种操作构成串类型的最小操作子集，这些操作不可能利用其他操作来实现，称为最小操作集，而其他的串操作可以在这个最小操作子集上实现。

下面通过几个例子，对串的几个基本操作进行说明。

例 4.1 串比较是按字符的 ASCII 值比较的，而不是按串的长度比较的。

StrCompare("data", "structures") < 0；

StrCompare("cat", "case") > 0；

StrCompare("case", "case") = 0；

当两个串长度相等、字符相同时，取"="。

例 4.2

Concate(T, "man", "kind") 求得 T = "mankind"。

例 4.3

SubString(sub, "commander", 4, 3) 求得 sub = "man"；

SubString(sub, "commander", 1, 9) 求得 sub = "commander"；

SubString(sub, "commander", 9, 1) 求得 sub = "r"。

例 4.4 假设 S = "abcaabcaaabc"， T = "bca"，则：

Index(S, T, 1) = 2；

Index(S, T, 3) = 6；

Index(S, T, 8) = 0；

例 4.5 假设 S = "abcabcaabca"，T = "abca"，运行 Replace(&S, T, V)操作：

若 V = "x"，则经置换后得到 S = "xbcax"；

若 V = 'bc'，则经置换后得到 S = "bcbcabc"。

例 4.6 假设 S = "chater"，T = "rac"，则执行 StrInsert(S, 4, T)之后得到：

S = "character"。

串的基本操作集可以有不同的定义方法，在使用高级程序设计语言中的串类型时，以该种语言的参考手册为准，C 语言函数库中提供的串处理函数如下所示：

gets(str)：输入一个串；

puts(str)：输出一个串；

strcat(str1, str2)：串连接函数；

strcpy(str1, str2, k)：串复制函数；

strcmp(str1, str2)：串比较函数；

strlen(str)：求串长函数。

4. 串与线性表的比较

1) 区别

(1) 线性表的数据对象无特定约束，串的数据对象约束为字符集。

(2) 二者基本操作的对象不同。

① 线性表的基本操作中，操作对象大多为"单个元素"。如：在线性表中查找某个元素、求取某个元素、在线性表的某个位置之前插入一个元素和删除一个元素等。

② 串的基本操作中，操作对象大多为"串的整体"。如：在串中查找某个子串、求取一个子串、在串的某个位置之前插入一个子串以及删除一个子串等。

2) 相似性

线性表和串的逻辑结构中，每一字符都有特定的位序，且基本操作过程相似。

4.2　串的定长顺序存储表示和实现

在非数值处理的程序中，串多以变量的形式出现，因此，串有存储映象问题。如果在程序设计语言中，串只是作为输入或输出常量出现，只需存储此串的串值，即字符序列。串是数据元素类型为字符型的线性表，所以线性表的存储方式仍适用于串，而字符的特殊性和字符串经常作为一个整体来处理的特点使得串在存储时与一般线性表不同。

1. 串的定长顺序表示方法

在串的表示和实现过程中，用一组地址连续的存储单元存储串值中的字符序列，称为串的定长顺序存储方式。所谓定长是指按预定义的大小，为每一个串变量分配一个固定长度的存储区，如下所示：

```
#define   MAXSTRSIZE   255              //用户可在 255 以内定义最大串长
typedef   unsigned char   SString[MAXSIZE+1];     // 0 号单元存放串的长度
```

用 SString [0]存放串的实际长度，串值存放在 SString [1]～SString [MAXSIZE]中，字符的序号和存储位置一致，应用更为方便。串的实际长度可在这个预定义长度的范围内随意设定，超过预定义长度的串值则被舍去，称为"截断"。

2. 定长顺序串中串长的两种表示方法

(1) 在顺序串中，用一个指针来指向最后一个字符，C 语言的表示如下：

```
typedef struct
{   char    data[MAXSTRSIZE];
    int     curlen;
} SeqString;
```

定义一个串变量：SeqString s；

这种存储方式可以直接得到串的长度：s.curlen+1，如图 4.1 所示。

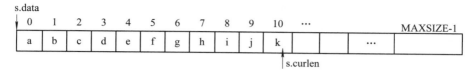

图 4.1 串的顺序存储方式 1

(2) 在串尾存储一个不会在串中出现的特殊字符作为串的终结符，以此表示串的结尾。比如 C 语言中处理定长串的方法就是这样，用 '\0' 来表示串的结束，如图 4.2 所示。这种存储方法不能直接得到串的长度，而是用判断当前字符是否 '\0' 来确定串是否结束，从而求得串的长度。此时的串长为隐含值，有时不便于进行某些操作。

char s[MAXSIZE];

0	1	2	3	4	5	6	7	8	9	10	...		MAXSIZE-1
a	b	c	d	e	f	g	h	i	j	k	\0	...	

图 4.2 串的顺序存储方式 2

3. 顺序串中定长串连接的基本运算

串连接：把两个串 S1 和 S2 首尾连接成一个新串 T，即 T≤S1+S2。

实现串的运算时，其基本操作为"字符序列的复制"。

下面以串连接为例讨论之，串的连接算法中需分三种情况处理，如算法 4.1 所示。

算法 4.1

```
Status Concat(SString & T, SString S1, SString S2)
{  //用 T 返回 S1 和 S2 连接而成的新串。若未截断，则返回 TRUE，否则返回 FALSE
   int i;
   if(S1[0]+S2[0]<=MAXSTRSIZE)
   {  //未截断
      for(i=1;i<=S1[0];i++)
         T[i]=S1[i];
      for(i=1;i<=S2[0];i++)
         T[S1[0]+i]=S2[i];
      T[0]=S1[0]+S2[0];
      return TRUE;
   }
   else
   {  //截断 S2
      for(i=1;i<=S1[0];i++)
         T[i]=S1[i];
```

```
        for(i=1;i<=MAXSTRSIZE-S1[0];i++)
            T[S1[0]+i]=S2[i];
            T[0]=MAXSTRSIZE;
        return FALSE;
    }
    return uncut;
} // Concat
```

由这个操作可见，在顺序存储结构中，实现串操作的原操作为"字符序列的复制"。另外，如果在操作中出现串值序列的长度超过上界 MAXSTRSIZE，则约定用截尾法处理。克服这个弊病唯有不限定串长的最大长度，即动态分配串值的存储空间。

4.3　串的堆分配存储表示和实现

在应用程序中，参与运算的串变量之间的长度相差较大，并且操作中串值的长度变化也较大，因此为串变量预分配固定大小的空间不尽合理。堆存储结构的基本思想是：仍以一组地址连续的存储单元存放串值字符序列，但它们的存储空间是在程序执行过程中动态分配而得的。在 C 语言中，存在一个称为"堆"的自由存储区，并由 C 语言的动态分配函数 malloc( )和 free( )来管理。利用函数 malloc( )为每个新产生的串分配一块实际串长所需的存储空间，若分配成功，则返回一个指向起始地址的指针作为串的基址，同时，为了以后处理方便，约定串长也作为存储结构的一部分。

```
typedef struct {
    char *ch;        // 若是非空串，则按串长分配存储空间，否则 ch 为 NULL
    int   length;    // 串长度
} HString;
```

堆结构上的串运算仍然基于字符序列的复制进行。这类串操作的实现算法为：首先为新生成的串分配一个存储空间，然后进行串值的复制。下面以串插入算法为例讨论。

算法 4.2

```
Status StrInsert (HString &S, int pos,HString T)
{       // 1≤pos≤StrLength(S)+1。在串 S 的第 pos 个字符之前插入串 T
    if  (pos<1||pos>S.length+1)
        return ERROR;               // pos 不合法
    if (T.length)
    {                    //T 非空，则重新分配空间，插入 T
        if (!(S.ch=(char*)realloc(S.ch, (S.length+T.length)*sizeof(char))))
            exit(OVERFLOW);
        for (i=S.length-1;i>=pos-1;i--)     //为插入 T 而腾出位置
        S.ch[i+T.length]=S.ch[i];
        for (i=pos-1, j=0; i<=T.length-2; i++, j++)
        S.ch[i]=T.ch[j];               //插入 T
```

```
        S.length+=T.length;}
    return OK;
} // StrInsert
```

堆分配存储结构的串有顺序存储结构的特点,在操作中对串长又没有任何限制,因而在串处理的应用程序中常被选用。

4.4 串的操作应用——文本编辑

文本编辑既可以用于源程序的输入和修改,也可用于报刊和书籍的编辑排版,以及办公公文书信的起草和润色。可用于文本编辑的程序有很多,功能强弱差别很大,但基本操作是一致的:都包括串的查找、插入和删除等基本操作。对用户来讲,为了编辑方便,可以用分页符和换行符将文本分为若干页,每页分为若干行。把文本当作一个字符串,称为文本串,页是文本串的子串,行是页的子串。如以下这段源程序:

```
main(){
    float a,b,max;
    scanf("%f, %f", &a, &b);
    if (a>b)
    max=a;
    else
    max=b;
};
```

可以把这段源程序看成一个文本串,输入到内存后如图 4.3 所示。

m	a	i	n	(	)	{	\n		f	l	o	a	t		a	,	b	,
m	a	x	;	\n			s	c	a	n	f	(	"	%	f	,	%	f	"
,	&	a	,	&	b	)	;	\n			i	f		a	>	b		m
a	x	=	a	;	\n			e	l	s	e		m	a	x	=	b	;
\n	}	\n																

图 4.3　文本格式示例

在编辑时,为指示当前编辑位置,采用堆存储结构来存储文本,设立页指针、行指针和字符指针,分别指向当前操作的页、行和字符,同时建立页表和行表存储每一页、每一行的起始位置和长度。因此,程序中要设立页表、行表以便于查找,具体细节在这里不做详细讲解,读者可自行编写。

小　　结

文本内容绝大多数是以字符串的格式进行处理的,串的主要知识点如图 4.4 所示。

图 4.4　串的主要知识点

习　题

思政学习与探究

一、判断题

1. 包含零个字符(n=0)的串称为空串，通常记为 Φ，其长度为零；空串是任意串的子串。
(　　)

2. 空串与空格串相同。(　　)

3. 在串的表示和实现过程中，用一组地址不连续的存储单元存储串值中的字符序列，称为串的定长顺序存储方式。(　　)

4. 堆分配存储结构的串有顺序存储结构的特点，在操作中对串长又没有任何限制，因而在串处理的应用程序中常被选用。(　　)

二、选择题

1. 串(即字符串)是一种特殊的线性表，它的数据元素是(　　)。

A. 数字　　　　　　　B. 单个字符　　　　　　C. 图　　　　　　D. 表

2. 串比较是按字符的 ASCII 值比较的，而不是按串的长度比较的，则
StrCompare("data", "structures")　(　　)　0；

A. 大于　　　　　　　B. 等于　　　　　　　　C. 小于　　　　　D. 小于等于

3. 已知 SubString(sub, "commander", 1, 9)，求得 sub ='(　　)'。

A. commanr　　　　　B. coander　　　　　　C. commander　　　D. comander

4. 顺序串的 C 语言表示如下：

```
typedef struct
{ char  data[MAXSIZE];
  int  curlen;
} SeqString;
```

请用上述类型定义一个串变量(　　)。

A. structg s　　　　　B. typedef struct s；　　C. SqString s；　　D. SeqString s；

5. 在 C 语言中，存在一个称为"堆"的自由存储区，并由 C 语言的动态分配函数(　　)来管理。

A. malloc( )　　　　　B. malloc( )和 free( )　　C. free( )　　　　D. main()

三、填空题

串 a,b,c,d,e,f 六个串如下：a='very difficult'; b=' '; c=' '; d='very'; e='difficult'; f = 'dfficult'.

求：(1) 串 a 的长度；

(2) 串 b 是长度为多少的空格串；

(3) 串 c 是什么串，长度为多少；

(4) 串_____和_____是串 a 的子串，串 d 在串 a 中的位置是_____，串 e 在串 a
中的位置是_____；

(5) 串 f 不是串 a 的子串，为什么？

四、编程题

1. 写一个简单的行编辑程序。

2. 采用顺序结构存储串，编写一个函数，求串和串的一个最长的公共子串。

3. 采用顺序存储结构存储串，编写一个函数计算一个子串在一个字符串中出现的次数，如果该子串不出现则为 0。

实　　验

1．实验目的

熟练掌握串的堆存储结构和基本操作的实现。

2．实验任务

输入一页单词，每行最多不超过 80 个字符，每页不超过 80 行，以空格为分隔符统计该页中单词的个数。

3．输入格式

第一行输入一个整数 n，表示要输入的行数，从下一行开始，输入 n 行单词。

4．输出格式

输出一页单词的数目 m。

输入示例	输出示例
2	7
I love China	
We all love China	

(1) 字符串堆存储结构的 C 语言描述。

```
#include "stdio.h"
#include "malloc.h"
#include "process.h"
#define OK 1
typedef int Status;
typedef struct
{ char *ch;   //若是非空串，则按串长分配存储空间，否则 ch 为 NULL
```

```
        int length;   //串长度
    }HString;
```

(2) 该实验中所用堆串基本操作的 C 语言实现。

```
    Status InitHString(HString &str)    //字符串的初始化
    {
        if(!(str.ch=(char*)malloc(100*sizeof(char)))exit( -1);
        str.length=0;
        return OK;
    }
    Status StrAssign(HString &T, char *chars)        //生成一个其值等于串常量 chars 的串 T
    {   int i, j;
        if(T.ch)
            free(T.ch);                              //释放 T 原有空间
        i=strlen(chars);                             //求 chars 的长度 i
        if(!i)
        {   // chars 的长度为 0
            T.ch=0;
            T.length=0;
        }
        else
        {   T.ch=(char*)malloc(i*sizeof(char));      //分配串空间，chars 的长度不为 0
            if(!T.ch)                                //分配串空间失败
                exit(-1);
            for(j=0; j<i; j++)                       //拷贝串
                T.ch[j]=chars[j];
            T.length=i;
        }
        return OK;
    }
    int CountWords( HString   input)                 //统计字符串中单词数
    {
        int num=0,inword=0;
        int i=0;
        while(input.ch[i]!='\0')
        {
            if(input.ch[i]==' ')
                inword=0;
            else
            {
```

```
                    if(inword==0)
                    {
                            inword=1;
                            num++;
                    }
                }
                i++;
            }
            return num;
        }
```

(3) 主程序构建堆存储字符串，并检验统计单词算法是否正确。

```
    int main()
    {
        HString page[100];
        char atemp[100];
        int lines,words=0,i;
        printf("请输入行数：");
        scanf("%d",&lines);
        for(i=0;i<lines;i++) //分配存放一页单词的存储空间
            InitHString(page[i]);
        for(i=0;i<lines;i++)//输入 lines 行单词
        {
            gets(atemp);
            StrAssign(page[i], atemp)
        }
        for(i=0;i<lines;i++)//统计单词总数
            words+=CountWords(page[i]);
        printf("%d\n",words);
        return 0;
    }
```

第5章　树和二叉树

 学习目标

1. 熟练掌握二叉树的定义及结构性质。
2. 熟练掌握二叉树各种存储结构的特点。
3. 熟练掌握二叉树的遍历方法。
4. 熟悉树的各种存储结构及其特点，掌握树、森林与二叉树的转换方法。
5. 掌握哈夫曼树的基本概念及构造方法，了解哈夫曼编码。

　　树是一种重要的非线性数据结构，直观地看，它是数据元素(在树中称为结点)按分支关系组织起来的结构，很像自然界中的树。树结构在客观世界中广泛存在，如人类社会的族谱和各种社会组织机构都可用树形象地表示。树在计算机领域中也有广泛的应用，如在编译源程序时，可用树表示源程序的语法结构，在数据库系统中，树型结构也是信息的重要组织形式之一。具有层次关系的问题都可用特定的树来描述，如满二叉树、完全二叉树、排序二叉树等。

5.1　树的基本概念

5.1.1　树的定义

1. 树的定义

　　树(Tree)是 n(n≥0)个有限数据元素的集合。当 n = 0 时，称这棵树为空树。在一棵非空树 T 中：

　　(1) 有一个特殊的数据元素称为树的根结点，根结点没有前驱结点。

　　(2) 若 n > 1，除根结点之外的其余数据元素被分成 m(m > 0)个互不相交的集合 T_1，T_2，…，T_m，其中每一个集合 T_i(1≤i≤m)本身又是一棵树。树 T_1，T_2，…，T_m 称为这个根结点的子树。

　　如图 5.1(a)所示为一棵只有根结点的树，如图 5.1(b)所示为一棵具有 9 个结点的树，即 T = {A，B，C，…，H，I}，结点 A 为树 T 的根结点，除根结点 A 之外的其余结点分为两个不相交的集合：T_1 = {B, D, E, F, H, I} 和 T_2 = {C, G}，T_1 和 T_2 构成了结点 A 的两棵子树，T_1 和 T_2 本身也分别是一棵树。例如，子树 T_1 的根结点为 B，其余结点又分为两个不相交的集合：$T_{11}=\{D\}$，$T_{12}=\{E, H, I\}$和$T_{13}=\{F\}$。T_{11}、T_{12}和T_{13}构成了子树T_1的根结点 B 的三棵子树。如此可继续向下分为更小的子树，直到每棵子树只有一个根结点为止，如图 5.1(c)所示。

2. 树的特点

从树的定义和图 5.1 的示例可以看出，树具有下面两个特点：

(1) 树的根结点没有前驱结点，除根结点之外的所有结点有且只有一个前驱结点。

(2) 树中所有结点可以有零个或多个后继结点。

由此特点可知，如图 5.1(d)所示不是树结构。

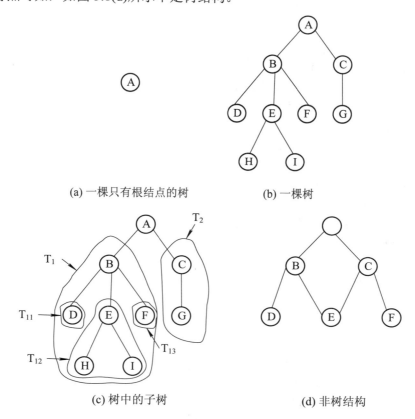

(a) 一棵只有根结点的树　　　　(b) 一棵树

(c) 树中的子树　　　　(d) 非树结构

图 5.1　树结构和非树结构的示意图

树是一种常用的非线性结构，线性表是最简单的线性结构，下面对这两种数据结构的特点进行比较，如表 5.1 所示。

表 5.1　线性表和树两种数据结构特点的比较

线 性 结 构	树 结 构
第一个数据元素(无前驱)	根结点(无前驱)
最后一个数据元素(无后继)	多个叶子结点(无后继)
其他数据元素(一个前驱、一个后继)	树中其他结点(一个前驱、多个后继)

3. 树的抽象数据类型定义

上述树的结构定义加上树的一组基本操作构成了树的抽象数据类型。

ADT Tree{

　　数据对象 D：D = { D_i | 1≤i≤n, n≥0, D_i∈TreeElemSet}，D 是具有相同特性的
　　　　　　数据元素(结点)的集合。其中，n 为树 T 中的结点数。n=0 为空树，
　　　　　　n>0 为非空树。

　　数据关系 R：对于一棵树关系 R 满足下列二元关系：T =(D，R)，其中，D 为
　　　　　　树 T 中结点的集合，R 为树中结点之间关系的集合。当树为空树
　　　　　　时，D =Φ；当树 T 不为空树时，有

$$D = \{Root\} \cup D_F$$

其中，Root 为树 T 的根结点，D_F 为树 T 的根 Root 的子树集合。

D_F 可由下式表示：

$D_F = D_1 \cup D_2 \cup \cdots \cup D_m$ 且 $D_i \cap D_j = \Phi$ (i≠j, 1≤i≤m, 1≤j≤m, m≥1)

当 $D_F = \varnothing$ 时，R=∅，即此时树 T 中只有一个根结点 Root。

基本操作：

　　Root(T)；

初始条件：树 T 存在。

操作结果：返回 T 的根。

　　Value(T，cur_e)；

初始条件：树 T 存在。cur_e 是 T 中某个结点。

操作结果：返回 cur_e 的值。

　　Parent(T，cur_e) ；

初始条件：T 存在，cur_e 是 T 中的某个结点。

操作结果：若 cur_e 是 T 的非根结点，则返回它的双亲，否则函数值为"空"。

　　LeftChild(T，cur_e)；

初始条件：T 存在，cur_e 是 T 中的某个结点。

操作结果：若 cur_e 是 T 的非叶子结点,则返回它的最左孩子,否则返回"空"。

　　RightSibling(T，cur_e)；

初始条件：树 T 存在，cur_e 是 T 中的某个结点。

操作结果：若 cur_e 有右兄弟，则返回它的右兄弟，否则返回"空"。

　　TreeEmpty(T)；

初始条件：树 T 存在。

操作结果：若 T 为空树，则返回 TRUE，否则 FALSE。

　　TreeDepth(T)；

初始条件：树 T 存在。

操作结果：返回 T 的深度。

　　TraverseTree(T，Visit())；

初始条件：树 T 存在，Visit 是对结点操作的应用函数。

操作结果：按某种次序对 T 的每个结点调用函数 visit()一次且至多一次。

　　　　一旦 visit()失败，则操作失败。

插入类操作：

InitTree(&T);

操作结果：构造空树 T。

CreateTree(&T，definition);

初始条件：definition 给出树 T 的定义。

操作结果：按 definition 构造树 T。

Assign(T，cur_e，value);

初始条件：树 T 存在，cur_e 是 T 中的某个结点。

操作结果：结点 cur_e 赋值为 value。

InsertChild(&T，&p，i，c);

初始条件：树 T 存在，p 指向 T 中的某个结点，$1 \leq i \leq p$ 所指结点的度+1，非空树 c 与 T 不相交。

操作结果：插入 c 为 T 中 p 所指结点的第 i 棵子树。

删除类操作：

ClearTree(&T);

初始条件：树 T 存在。

操作结果：将树 T 清为空树。

DestroyTree(&T);

初始条件：树 T 存在。

操作结果：销毁树 T。

DeleteChild(&T，&p，i)；

初始条件：树 T 存在，p 指向 T 中某个结点，$1 \leq i \leq p$ 指结点的度。

操作结果：删除 T 中 p 所指结点的第 i 棵子树。

}ADT Tree

可以看出，在树的定义中用了递归概念，即树的定义中又用到树的概念，在树结构的算法中使用递归方法，是树的固有特性。

4．树的几种表示方法

(1) 树的嵌套集合表示法。

树的嵌套集合表示法是指一些集合的集合，对于其中任何两个集合，或者不相交，或者一个包含另一个。用嵌套集合的形式表示树，就是将根结点视为一个大的集合，其若干棵子树构成这个大集合中若干个互不相交的子集，如此嵌套下去，即构成一棵树的嵌套集合表示。如图 5.2(a)所示就是图 5.1(b)所示树的嵌套集合表示。

(2) 树的凹入表示法。

树的凹入表示法类似书的编目。树的根结点对应的线最长，同一层次的结点对应的线长度相等，孩子结点对应的线位于双亲结点线的下方。图 5.2(c)所示的是图 5.1(b)所示树的凹入表示。

(3) 树的广义表表示法。

树的广义表表示法就是将根作为由子树森林组成的表的名字写在表的左边，这样依次将树表示出来。如图 5.2(b)所示是一棵树的广义表表示。

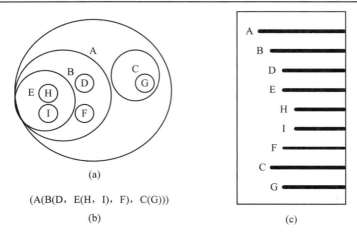

(a)

$(A(B(D，E(H，I)，F)，C(G)))$

(b)

(c)

图 5.2　对图 5.1(b)所示树的其他三种表示法示意图

5.1.2　树的基本术语

(1) 包含一个数据元素及若干指向其子树的分支称为**树的结点**。

(2) 结点拥有的子树数称为**结点的度**；树中各结点的度的最大值称为**树的度**。

(3) 度为零的结点称为**叶子结点**；度不为零的结点称为**分支结点**。

(4) 结点的子树的根称为该**结点的孩子**，相应地，该结点称为**孩子的双亲**，同一个双亲的孩子之间互称**兄弟**。进一步推广，从根到某一结点所经分支上的所有结点叫作该**结点的祖先**，反之，以某结点为根的子树中的任一结点都称为**该结点的子孙**。

(5) 结点的层次从根开始定义，根为**第一层**，根的孩子为**第二层**；其双亲在同一层的结点互为**堂兄弟**。树中结点的最大层次称为**树的深度**。

(6) 如果树中结点的各子树从左至右是有次序的(不能互换)，称为**有序树**，反之，称为**无序树**。在有序树中，最左边的子树的根称为第**一个孩子**，最右边的称为**最后一个孩子**。

(7)·m 棵互不相交的树的集合称为**森林**(m≥0)。

自然界中树和森林是不同的概念，但在数据结构中，树和森林只有很小的差别。任何一棵树，删去根结点就变成了森林。因此，任何一棵树的逻辑结构可以用一个二元组表示：Tree = (root，F)，其中，root 称为**根结点**，F 称为**子树森林**。

5.2　二　叉　树

5.2.1　二叉树的定义

1. 二叉树的定义

二叉树是一种特殊的树型结构，其特点是每个结点至多有两棵子树(即二叉树中不存在度大于 2 的结点)，并且二叉树的子树有左右之分，其次序不能任意颠倒。

2. 二叉树的抽象数据类型定义

ADT BinaryTree{

　　数据对象 D：D 是具有相同特性的数据元素的集合。

　　数据关系 R：是一棵每个结点至多只有两棵子树，有左右之分，次序不能颠倒的树。

基本操作：

　　　　Root(T)；

　　初始条件：二叉树 T 存在。

　　操作结果：返回 T 的根。

　　　　Value(T，e)；

　　初始条件：二叉树 T 存在，e 是 T 中某个结点。

　　操作结果：返回 e 的值。

　　　　Parent(T，e)；

　　初始条件：二叉树 T 存在，e 是 T 中某个结点。

　　操作结果：若 e 是 T 的非根结点，则返回它的双亲，否则返回"空"。

　　　　LeftChild(T，e)；

　　初始条件：二叉树 T 存在，e 是 T 中某个结点。

　　操作结果：返回 e 的左孩子。若 e 无左孩子，则返回"空"。

　　　　RightChild(T，e)；

　　初始条件：二叉树 T 存在，e 是 T 中某个结点。

　　操作结果：返回 e 的右孩子。若 e 无右孩子，则返回"空"。

　　　　LeftSibling(T，e)；

　　初始条件：二叉树 T 存在，e 是 T 中某个结点。

　　操作结果：返回 e 的左兄弟。若 e 是 T 的左孩子或无左兄弟，则返回"空"。

　　　　RightSibling(T，e)；

　　初始条件：二叉树 T 存在，e 是 T 中某个结点。

　　操作结果：返回 e 的右兄弟。若 e 是 T 的右孩子或无右兄弟，则返回"空"。

　　　　BiTreeEmpty(T)；

　　初始条件：二叉树 T 存在。

　　操作结果：若 T 为空二叉树，则返回 TRUE，否则 FALSE。

　　　　BiTreeDepth(T)；

　　初始条件：二叉树 T 存在。

　　操作结果：返回 T 的深度。

　　　　PreOrderTraverse(T，Visit())；

　　初始条件：二叉树 T 存在，Visit 是对结点操作的应用函数。

　　操作结果：先序遍历 T，对每个结点调用函数 Visit 一次且仅一次。一旦 visit()
　　　　　　　失败，则操作失败。

　　　　InOrderTraverse(T，Visit())；

　　初始条件：二叉树 T 存在，Visit 是对结点操作的应用函数。

　　操作结果：中序遍历 T，对每个结点调用函数 Visit 一次且仅一次。一旦 visit()
　　　　　　　失败，则操作失败。

　　　　PostOrderTraverse(T，Visit())；

　　　　初始条件：二叉树 T 存在，Visit 是对结点操作的应用函数。
　　　　操作结果：后序遍历 T，对每个结点调用函数 Visit 一次且仅一次。一旦 visit()
　　　　　　　　　失败，则操作失败。
　　　　　　LevelOrderTraverse(T，Visit())；
　　　　初始条件：二叉树 T 存在，Visit 是对结点操作的应用函数。
　　　　操作结果：层序遍历 T，对每个结点调用函数 Visit 一次且仅一次。一旦 visit()
　　　　　　　　　失败，则操作失败。
　　插入操作：
　　　　　　InitBiTree(&T)；
　　　　操作结果：构造空二叉树 T。
　　　　　　Assign(T，&e，value)；
　　　　初始条件：二叉树 T 存在，e 是 T 中某个结点。
　　　　操作结果：结点 e 赋值为 value。
　　　　　　CreateBiTree(&T，definition)；
　　　　初始条件：definition 给出二叉树 T 的定义。
　　　　操作结果：按 definition 构造二叉树 T。
　　　　　　InsertChild(T，p，LR，c)；
　　　　初始条件：二叉树 T 存在，p 指向 T 中某个结点，LR 为 0 或 1，非空二叉树 c
　　　　　　　　　与 T 不相交且右子树为空。
　　　　操作结果：根据 LR 为 0 或 1，插入 c 为 T 中 p 所指结点的左或右子树。p 所
　　　　　　　　　指结点的原有的左或右子树则成为 c 的右子树。
　　删除操作：
　　　　　　ClearBiTree(&T)；
　　　　初始条件：二叉树 T 存在。
　　　　操作结果：将二叉树 T 清为空树。
　　　　　　DestroyBiTree(&T)；
　　　　初始条件：二叉树 T 存在。
　　　　操作结果：销毁二叉树 T。
　　　　　　DeleteChild(T，p，LR)；
　　　　初始条件：二叉树 T 存在，p 指向 T 中某个结点，LR 为 0 或 1。
　　　　操作结果：根据 LR 为 0 或 i，删除 T 中 p 所指结点的左或右子树。
　　　}ADT BinaryTree
二叉树的五种基本形态如图 5.3 所示。

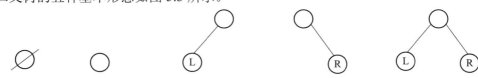

(a) 空二叉树　　(b) 仅有根结点　　(c) 右子树为空　　(d) 左子树为空　　(e) 左右子树均非空

图 5.3　二叉树的五种形态

5.2.2 二叉树的性质

1. 两种特殊形态的二叉树

1) 满二叉树

满二叉树指的是深度为 k 且含有 2^k-1 个结点的二叉树。可以对满二叉树的结点进行连续编号，约定编号从根结点起，自上而下，自左至右，如图 5.4(a)所示。

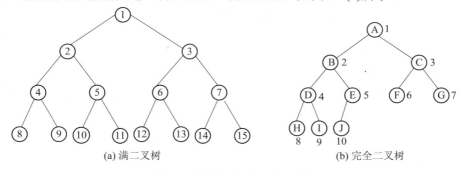

(a) 满二叉树　　　　　　　　　　　(b) 完全二叉树

图 5.4　两种特殊形态的二叉树

2) 完全二叉树

完全二叉树是指树中所含的 n 个结点，当且仅当其每一个结点都与满二叉树中编号从 1 至 n 的结点一一对应，并且具有如下特点：

(1) 叶子结点只可能在层次最大的两层上出现。

(2) 对任一结点，若其右分支下的子孙的最大层次为 m，则其左分支下的子孙的最大层次必为 m 或 m+1。

完全二叉树结构如图 5.4(b)所示。

2. 二叉树的重要特性

性质 1：二叉树的第 i 层上至多有 2^{i-1} 个结点(i≥1)。

用归纳法证明：i=1 层时，只有一个根结点，$2^{i-1}=2^0=1$。

假设对所有的 j，1≤j≤i，命题成立；

则由于二叉树上每个结点至多有两棵子树，那么第 i 层的结点数为 $2^{i-2} \times 2 = 2^{i-1}$。

性质 2：深度为 k 的二叉树上至多含 2^k-1 个结点 k≥1)。

证明：基于性质 1，深度为 k 的二叉树上的结点数至多为

$$2^0 + 2^1 + \cdots + 2^{k-1} = 2^k - 1$$

性质 3：对任何一棵二叉树，若其含有 n_0 个叶子结点、n_2 个度为 2 的结点，则必存在关系式：

$$n_0 = n_2 + 1$$

证明：设二叉树上的结点总数 $n = n_0 + n_1 + n_2$，n_1 是二叉树中度为 1 的结点数。二叉树上的分支总数 $b = n_1 + 2n_2$，又由于二叉树中除根结点外，其余结点都有一个分支进入，则 $n = b + 1$。而 $b = n - 1 = n_0 + n_1 + n_2 - 1$，由此，$n_0 = n_2 + 1$。

性质 4：具有 n 个结点的完全二叉树的深度为 $\lfloor \text{lb}n \rfloor +1$[①]。

---

① 符号「$\lfloor x \rfloor$」表示不大于 x 的最大整数，反之，「$\lceil x \rceil$」表示不小于 x 的最小整数。

性质 5：若对含 n 个结点的完全二叉树从上到下且从左至右进行 1 至 n 的编号，则对二叉树中任意一个编号为 i(1≤i≤n)的结点：

(1) 若 i=1，则该结点是二叉树的根，无双亲；如果 i > 1，则编号为 ⌊i/2⌋ 的结点为其双亲结点。

(2) 若 2i > n，则该结点 i 无左孩子，结点 i 为叶子结点，否则，编号为 2i 的结点为其左孩子结点；

(3) 若 2i + 1 > n，则该结点 i 无右孩子结点，否则，编号为 2i + 1 的结点为其右孩子结点。

5.2.3　二叉树的存储结构

1. 二叉树的顺序存储表示

所谓二叉树的顺序存储，就是用一组地址连续的存储单元依次按照从上至下、从左到右的顺序存储二叉树中的结点。

对于完全二叉树和满二叉树，树中结点的序号可以唯一地反映结点之间的逻辑关系。采用顺序存储方式时，完全二叉树中结点的数据在一维数组中的存储按照满二叉树的编号对应数组下标的标号进行存储，即将编号为 i 的结点存储在一维数组下标为 i−1 的分量中，此时二叉树中结点间的存储位置关系能够反映它们之间的逻辑关系，这样既可以最大可能地节省存储空间，又可以利用数组元素的下标值确定结点在二叉树中的相对位置以及结点之间的关系。图 5.5 给出了图 5.4(b)所示的完全二叉树的顺序存储示意。

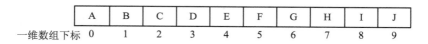

一维数组下标

图 5.5　完全二叉树的顺序存储示意图

对于一般的二叉树，如果按从上至下、从左到右的顺序将树中的结点顺序存储在一维数组中，则数组元素下标之间的关系不能反映二叉树中结点之间的逻辑关系，只有增添一些并不存在的空结点，使之成为一棵完全二叉树的形式，然后再用一维数组顺序存储。如图 5.6 给出了一棵一般二叉树改造后的完全二叉树形态及其顺序存储状态示意图。

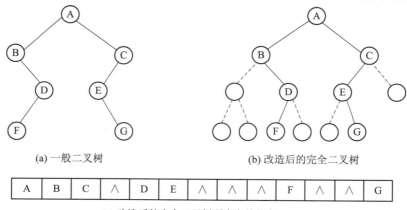

(a) 一般二叉树　　　　　　　　　(b) 改造后的完全二叉树

(c) 改造后的完全二叉树顺序存储状态

图 5.6　一般二叉树及其改造后的顺序存储示意图

如果需要增加许多空结点才能将一棵二叉树改造成为一棵完全二叉树，则会造成空间的浪费。

如图 5.7 所示的一棵二叉树有 7 个结点，利用顺序存储结构进行存储时，如果按满二叉树的编号方法，需一个含 13 个分量的一维数组存储，将结点 A 编号为 1，放在一维数组下标为 0 的第一个分量中，结点 B 编号为 2 放在下标为 1 的分量中，不存在的结点用"0"填充，直到将二叉树中所有的结点存入到一维数组中，如图 5.8 所示。在最坏的情况下，一个深度为 k 且只有 k 个结点的单支树(树中不存在度为 2 的结点)需要长度为 2^k-1 的一维数组，浪费了大量的存储空间，因此不宜用此顺序存储结构进行存储。

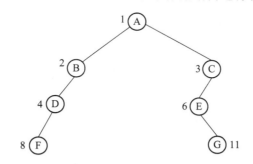

图 5.7 二叉树

0	1	2	3	4	5	6	7	8	9	10	11	12
A	B	C	D	0	E	0	F	0	0	G	0	0

图 5.8 二叉树的顺序存储结构

2. 二叉树的顺序存储 C 语言表示

```
#define    MAX_TREE_SIZE    100                    // 二叉树的最大结点数
typedef TElemType    SqBiTree[MAX_TREE_SIZE];      // 0 号单元存储根结点
SqBiTree    bt;
```

3. 二叉树的链式存储表示

根据二叉树中结点指针个数的不同，有以下几种链式存储表示方法。

1) 二叉链表

二叉链表的 C 语言表示：

```
typedef struct BiTNode {                           // 结点结构
    TElemType        data;
    struct BiTNode    *lchild, *rchild;            // 左右孩子指针
} BiTNode, *BiTree;
```

二叉链表的结点结构如图 5.9 所示。如图 5.7 所示二叉树的二叉链表存储结构表示如图 5.10 所示。

lchild	data	rchild

图 5.9 二叉链表的结点结构

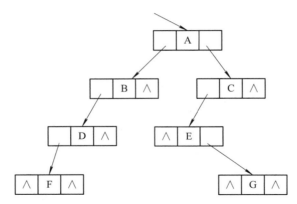

图 5.10　图 5.7 所示二叉树的二叉链表存储结构

2) 三叉链表

三叉链表的 C 语言表示：

```
typedef struct TriTNode {                          //结点结构
    TElemType          data;
    struct TriTNode    *lchild, *rchild;           //左右孩子指针
    struct TriTNode    *parent;                    //双亲指针
} TriTNode, *TriTree;
```

三叉链表的每个结点由四个域组成，如图 5.11 所示。

lchild	data	rchild	parent

图 5.11　三叉链表的结点结构

其中，data、lchild 以及 rchild 三个域的意义与二叉链表结构相同；parent 域为指向该结点双亲结点的指针。这种存储结构既便于查找孩子结点，又便于查找双亲结点；但相对于二叉链表存储结构而言，增加了存储空间开销。三叉链表存储结构如图 5.12 所示。

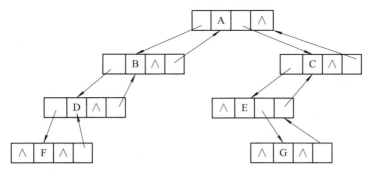

图 5.12　图 5.7 所示二叉树的三叉链表表示示意图

综上所述，三叉链表和二叉链表是常用的二叉树存储方式，对于一般情况的二叉树，链式存储结构比顺序存储结构更节省空间。三叉链表可以由结点直接找到其双亲，在二叉链表中却无法做到，但由于二叉链表结构灵活、操作方便，在应用中经常使用，因此，如无特别说明，本书后面所涉及的二叉树的链式存储结构都是指二叉链表结构。

5.3 二叉树的遍历和线索二叉树

5.3.1 二叉树的遍历方法

1. 遍历的定义

(1) 遍历：在实际应用问题中，常常需要按一定顺序对二叉树中的每个结点逐个进行访问，查找具有某一特点的结点，然后对这些满足条件的结点进行处理，在数据结构中称为遍历。

(2) 二叉树的遍历：顺着某一条搜索路径巡访二叉树中的结点，使得每个结点均被访问一次，而且仅被访问一次。"访问"即对结点的操作，如输出结点的信息、对结点赋值等。

遍历是大多数数据结构均有的操作，对于线性结构，只有一条遍历路径，不需要另加讨论(因为每个结点均只有一个后继)；对于非线性结构，存在按什么样的路径进行遍历的问题。

2. 对二叉树进行遍历的方法

1) 根据二叉树的定义进行遍历的方法

由二叉树的定义可知，二叉树由三个基本单元组成：根结点、左子树和右子树。对这三部分依次遍历，就遍历了整个二叉树。对二叉树的遍历可以有三条搜索路径：先序(根)遍历二叉树、中序(根)遍历二叉树、后序(根)遍历二叉树。

(1) 先序(根)遍历二叉树的操作。

若二叉树为空树，则空操作；否则，

① 访问根结点；

② 先序遍历左子树；

③ 先序遍历右子树。

先序遍历二叉树算法的实现，如算法 5.1 所示。

算法 5.1

```
void PreOrderTraverse (BiTree T, Status ( *visit)(TElemType e))
{   // 先序遍历二叉树
    if (T) {
        visit(T->data);              // 访问结点
        PreOrder(T->lchild, visit);  // 先序遍历左子树
        PreOrder(T->rchild, visit);  // 先序遍历右子树
    }
}
```

(2) 中序(根)遍历二叉树的操作定义。

若二叉树为空树，则空操作；否则，

① 中序遍历左子树；

② 访问根结点；

③ 中序遍历右子树。

中序遍历二叉树算法的实现，如算法 5.2 所示。

算法 5.2

```
void InOrderTraverse(BiTree T, Status( *visit)(TElemType e))
{   //中序遍历二叉树
    if (T) {
        InOrderTraverse (T->lchild, visit);        // 中序遍历左子树
        visit(T->data);                            // 访问根结点
        InOrderTraverse (T->rchild, visit);        // 中序遍历右子树
    }
}
```

(3) 后序(根)遍历二叉树的操作定义。

若二叉树为空树，则空操作；否则，

① 后序遍历左子树；

② 后序遍历右子树；

③ 访问根结点。

后序遍历二叉树算法的实现，如算法 5.3 所示。

算法 5.3

```
void PostOrderTraverse(BiTree T, Status( *visit)(TElemType e))
{   //后序遍历二叉树
    if (T) {
        PostOrderTraverse (T->lchild, visit);      // 后序遍历左子树
        PostOrderTraverse (T->rchild, visit);      // 后序遍历右子树
        visit(T->data);                            // 访问根结点
    }
}
```

下面通过例 5.1 讲解对二叉树进行先序遍历、中序遍历、后序遍历的具体做法。

例 5.1　邮递员为 A～K 家(排成二叉树型)送报(访问)，每家都要送到。对于每一家都先往左拐，后向右拐，即先左后右，每家都路过三次，其中只有一次能送报(访问)。

① 先序遍历：第一次经过时访问，即先访问结点再遍历它的左右子树。

② 中序遍历：第二次经过时访问，即先遍历左子树再访问结点，最后遍历右子树。

③ 后序遍历：第三次经过时访问，即遍历完左右子树后访问结点。

请写出邮递员采用先序遍历、中序遍历、后序遍历的方法进行送报时的送报序列。

遍历方法分析：

① 先序遍历：邮递员第一次经过 A 家时送报(访问结点 A)(如图 5.13 所示)，之后先左拐(先访问左子树)，到达 B 家先送报(访问结点 B)，之后先左拐(先访问左子树)，看到没有要送报的家(访问)，之后右拐(再访问右子树)，到达 C 家，先送报(访问结点 C)，再左拐(先访问左子树)到达 D 家先送报(访问结点 D)，再左拐(先访问左子树)看到没有要送报的家(访问)，就返回 D 家(第二次到达 D)，之后右拐看到没有要送报的家(访问)，返回 D 家(第三次

到达 D)，顺原路返回到 C 家(第二次到达 C)，之后右拐看到没有要送报的家(访问)，返回 C 家(第三次到达 C)，C 已送报(访问过)，顺原路返回到 B 家(第三次到达 B)，B 已送报(访问过)，顺原路返回到 A 家(第二次到达 A)，A 已送报(访问过)，右拐(再访问右子树)，到达 E 家，先送报(第一次到达)，左拐(访问左子树)，看到没有要送报的家，返回到 E 家(第二次到达)，再右拐，到达 F 家，先送报(访问)，再左拐到达 G 家先送报(访问)，左拐到达 H 家，先送报(第一次到达)，左拐没有人家，返回 H 家(第二次到达)，右拐没有人家，返回 H 家(第三次到达)，顺原路返回到 G 家(第二次到达)，右拐到 K 家(第一次到达)，送报(访问)，左拐没有人家，返回 K 家(第二次到达)，右拐没有人家，返回 K 家(第三次到达)，顺原路返回到 G 家(第三次到达)，顺原路返回到 F 家(第二次到达)，右拐没有人家，返回 F 家(第三次到达)，顺原路返回到 E 家(第三次到达)，顺原路返回到 A 家(第三次到达)，送报(遍历访问)结束。此时，A～K 家的报纸在第一次到达时被送到(访问)，而且仅被送(访问)了一次，这就是先序序列的遍历方法。用先序遍历方法遍历后所得的序列是：A B C D E F G H K。

② 中序遍历：如果在遍历过程中，第二次到达就访问，所得的序列是中序序列：B D C A E H G K F。

③ 后序遍历：第三次到达时访问，所得的序列是后序序列：D C B H K G F E A。

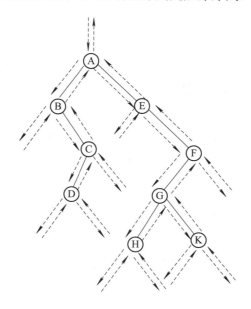

图 5.13　先中后序遍历示意图

对二叉树进行遍历的搜索路径除了上述的先序、中序或后序外，还可以按从上到下、从左到右的层次进行。

2) 根据二叉树的层次进行遍历的方法

所谓二叉树的层次遍历，是指从二叉树的第一层(根结点)开始，从上至下逐层遍历，在同一层中，则按从左到右的顺序逐个对结点进行访问。如图 5.13 所示的二叉树，按层次遍历得到的结果序列为 A B E C F D G H K。

由层次遍历的定义可知，在进行层次遍历时，对一层结点访问完后，再按照它们的访问次序对各个结点的左孩子和右孩子顺序访问，这样一层一层进行，先遇到的结点先访问，这与队列的操作原则比较吻合。

5.3.2　遍历的应用举例

遍历是二叉树各种操作的基础，可以在遍历过程中对结点进行各种操作，如对于一棵已知树可求结点的双亲、求结点的孩子结点、判定结点所在层次等，反之，也可在遍历过程中生成结点，建立二叉树的存储结构。

例 5.2　一个按先序序列建立二叉树的二叉链表的过程。对于如图 5.7 所示的二叉树，按下列次序读入字符：

A B D F□□□□C E□G□□□

其中，□表示空格字符。运行算法 5.4，可以得到如图 5.7 所示的二叉树。

算法 5.4

```
Status CreateBiTree(BiTree &T) {
    //按先序次序输入二叉树中结点的值(一个字符)
    //空格字符表示空树，构造二叉链表表示的二叉树 T
    char ch;
    scanf("%c", &ch);                         // 可以用代码 ch=getchar(); 代替
    if (ch==' ') T = NULL;
    else {
        if (!(T = (BiTNode*)malloc(sizeof(BiTNode))))
            exit(OVERFLOW);
        T->data = ch;                         // 生成根结点
        CreateBiTree(T->lchild);              // 构造左子树，返回指向左指针域的指针
        CreateBiTree(T->rchild);              // 构造右子树，返回指向右指针域的指针
    }
    return OK;
} // CreateBiTree
```

5.3.3　由遍历序列构造二叉树

由遍历序列构造二叉树是对已知的一棵二叉树进行恢复的一个过程，有以下两种恢复方法。

(1) 由二叉树的先序序列和中序序列唯一确定一棵二叉树。

从前面讨论的二叉树的遍历知道，任意一棵二叉树结点的先序序列和中序序列都是唯一的。反过来，若已知结点的先序序列和中序序列，能否确定这棵二叉树呢？这样确定的二叉树是否是唯一的呢？回答是肯定的。

根据定义，二叉树的先序遍历是先访问根结点，其次再按先序遍历方式遍历根结点的左子树，最后按先序遍历方式遍历根结点的右子树。这就是说，在先序序列中，第一个结点一定是二叉树的根结点，另一方面，中序遍历是先遍历左子树，然后访问根结点，最后再遍历右子树。这样，根结点在中序序列中必然将中序序列分割成两个子序列，前一个子序列是根结点的左子树的中序序列，而后一个子序列是根结点的右子树的中序序列。根据

这两个子序列，在先序序列中找到对应的左子序列和右子序列。在先序序列中，左子序列的第一个结点是左子树的根结点，右子序列的第一个结点是右子树的根结点。这样，就确定了二叉树的三个结点。同时，左子树和右子树的根结点又可以分别把左子序列和右子序列划分成两个子序列，如此递归下去，当取尽先序序列中的结点时，便可以得到一棵二叉树。

(2) 由二叉树的后序序列和中序序列唯一确定一棵二叉树。

依据后序遍历和中序遍历的定义，后序序列的最后一个结点，就如同先序序列的第一个结点一样，是二叉树的根。可将中序序列分成两个子序列，分别为这个结点的左子树的中序序列和右子树的中序序列，在后序序列中找到左右子序列，该左右子序列中的最后一个结点是对应的左右子树的根结点，如此递归下去，便可以得到一棵二叉树。

下面通过一个例子，来给出二叉树的先序序列和中序序列构造唯一的一棵二叉树的实现算法。

例 5.3　已知一棵二叉树的先序序列与中序序列分别为

A B C D E F G H I

B C A E D G H F I

试恢复该二叉树，并用 C 语言描述该过程。

① 算法的思想是：先根据先序序列的第一个元素建立根结点；然后在中序序列中找到该元素，确定根结点的左、右子树的中序序列；再在先序序列中确定左、右子树的先序序列；最后由左子树的先序序列与中序序列建立左子树，由右子树的先序序列与中序序列建立右子树，这是一个递归过程。

② 恢复过程分析：由先序序列可知，结点 A 是二叉树的根结点。其次，根据中序序列，在 A 之前的所有结点都是根结点左子树的结点，在 A 之后的所有结点都是根结点右子树的结点，由此得到如图 5.14(a)所示的状态。然后，再对左子树进行分解，由先序序列得知 B 是左子树的根结点，从中序序列知道，B 的左子树为空，B 的右子树只有一个结点 C，如图 5.14(b)所示；接着对 A 的右子树进行分解，由先序序列得知 A 右子树的根结点为 D，从中序序列得知结点 D 把其余结点分成两部分，左子树 E，右子树 F、G、H、I，如图 5.14(b)所示。接下来的工作就是按上述原则将 D 的右子树继续分解下去，最后得到整棵二叉树，如图 5.14 (c)所示。

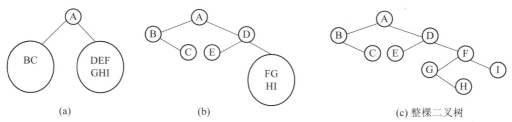

图 5.14　一棵二叉树的恢复过程示意

③ 用 C 语言描述恢复过程。假设二叉树的先序序列和中序序列分别存放在一维数组 preod[ ]与 inod[ ]中，并假设二叉树各结点的数据值均不相同。

算法 5.5

```
void ReBiTree(char preod[ ], char inod[ ], int n, BiTree root)
//n 为二叉树的结点个数，root 为二叉树根结点的存储地址
```

```
    {   if (n<=0) root=NULL;
        else PreInOd(preod,inod,1,n,1,n,&root);
    }


void PreInOd(char preod[ ], char inod[ ], int i, int j, int k, int h, BiTree *t)
    {   * t=(BiTNode *)malloc(sizeof(BiTNode));
        *t->data=preod[i];
        int m=k;
        while (inod[m]!=preod[i])   m++;
        if (m==k)       *t->lchild=NULL;
        else PreInOd(preod, inod, i+1, i+m-k, k, m-1, &t->lchild);
        if (m==h)       *t->rchild=NULL;
        else PreInOd(preod, inod, i+m-k+1, j, m+1, h, &t->rchild);
    }
```

需要说明的是，数组 preod 和 inod 的元素类型可根据实际需要来设定，这里设为字符型。另外，如果只知道二叉树的先序序列和后序序列，则不能唯一地确定一棵二叉树。

5.3.4　线索二叉树

1. 线索二叉树的定义

遍历二叉树是以一定规则将二叉树中的结点，排列成一个线性序列，遍历可以看作对二叉树进行线性化的操作。在得到的线性序列中，每一个结点都有一个前驱和一个后继，前驱和后继的信息是在遍历过程中得到的。线索二叉树就是在存储结构中保存遍历所得"前驱"和"后继"的信息线索链表，该存储结构中指向线性序列结点的"前驱"和"后继"的指针信息，称作"线索"。

如图 5.15 所示，二叉树的中序序列是 BFDAEGC，其中 D 的前驱是 F，D 的后继是 A。

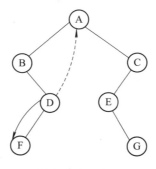

图 5.15　二叉树中序序列中节点 D 的线索

二叉链表作为存储结构时，只能找到结点的左右孩子的信息，而结点的任一序列的前驱与后继信息只有在遍历的动态过程中才能得到。为了保存这些动态信息，对二叉树定义如下：

对二叉链表的结点增加两个标志域，如图 5.16 所示，并作如下规定：

若该结点的左子树不空，则 lchild 域的指针指向其左子树，且左标志域的值为 0；否则，

lchild 域的指针指向其"前驱"，且左标志的值为 1。

若该结点的右子树不空，则 rchild 域的指针指向其右子树，且右标志域的值为 0；否则，rchild 域的指针指向其"后继"，且右标志的值为 1。

| lchild | ltag | data | rtag | rchild |

图 5.16　二叉线索树的结点结构

其中，

$$ltag = \begin{cases} 0, & \text{lchild 域指示结点的左孩子} \\ 1, & \text{lchild 域指示结点的前驱} \end{cases}$$

$$rtag = \begin{cases} 0, & \text{rchild 域指示结点的右孩子} \\ 1, & \text{rchild 域指示结点的后继} \end{cases}$$

因此，以这种结构构成的二叉链表作为二叉树的存储结构，叫作线索链表，其中指向结点前驱与后继的指针叫作线索。加上线索的二叉树称为线索二叉树。对二叉树以某种次序遍历使其变为线索二叉树的过程叫线索化。

2. 二叉树的二叉线索存储表示

二叉树的二叉线索存储表示的 C 语言描述如下：

```
typedef enum { Link, Thread } PointerTag;
        // Link==0:指针，Thread==1:线索
typedef struct BiThrNod {
    TElemType         data;
    struct BiThrNode  *lchild, *rchild;     // 左右指针
    PointerTag        LTag, RTag;           // 左右标志
} BiThrNode, *BiThrTree;
```

3. 对二叉树线索化

例 5.4　对如图 5.17 所示的二叉树进行线索化，得到先序线索二叉树、中序线索二叉树和后序线索二叉树，分别如图 5.18(a)、(b)、(c)所示。图中带箭头的实线指向结点前驱，带箭头的虚线指向结点后继。

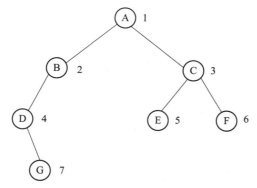

图 5.17　二叉树

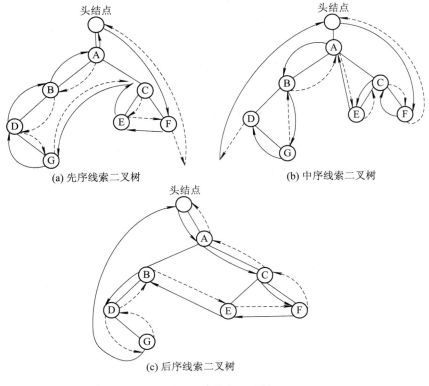

图 5.18　线索二叉树

　　如何建立线索二叉树，或者说对二叉树线索化，实质上就是遍历一棵二叉树。在遍历过程中，访问结点的操作是检查当前结点的左、右指针域是否为空，如果为空，将它们改为指向前驱结点或后继结点的线索。另外，在对一棵二叉树加线索时，必须首先申请一个头结点，建立头结点与二叉树根结点及遍历时访问的最后一个结点的指向关系，对二叉树线索化后，还需建立第一个结点和最后一个结点与头结点之间的线索，如图 5.18 所示。这部分读者可以自行查阅资料。

5.4　树 和 森 林

5.4.1　树的存储结构

　　在计算机中，树的存储有多种方式，既可以采用顺序存储结构，也可以采用链式存储结构，但无论采用何种存储方式，都要求存储结构不仅能存储各结点本身的数据信息，还要能唯一地反映树中各结点之间的逻辑关系。下面介绍几种基本的树的存储方式，即双亲表示法、孩子表示法、双亲孩子表示法和孩子兄弟表示法。

1. 双亲表示法

　　由树的定义可以知道，树中的每个结点都有唯一的一个双亲结点，根据这一特性，可用一组连续的存储空间(一维数组)存储树中的各个结点，则数组中的每个元素表示树中对应的结点，数组元素为结构体类型，其中包括结点本身的信息以及结点的双亲结点在数组中的序号，树的这种存储方法称为双亲表示法。

其存储表示可描述为

```
#define MAX_TREE_SIZE    100
typedef struct PTNode {
    TElemType    data;
    int       parent;    // 双亲位置域
} PTNode;
typedef struct{            //树结构
    PTNode    nodes[MAX_TREE_SIZE];
    int   r,n;                //根的位置和结点数
}PTree;
```

如图 5.19(a)所示的树的双亲表示法如图 5.19(b)所示。图中 parent 域的值为 −1，表示该结点无双亲结点，即该结点是一个根结点。

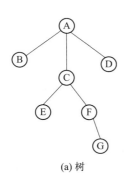

	data	parent
0	A	-1
1	B	0
2	C	0
3	D	0
4	E	2
5	F	2
6	G	5

(a) 树　　　　　　　　　　(b) 图5.19(a)所示树的双亲表示法示意图

图 5.19　树及其双亲表示法

树的双亲表示法实现 Parent(t, x)操作和 Root(x)操作很方便,但若求某结点的孩子结点,即实现 Child(t, x, i)操作时，则需要查询整个数组。此外，这种存储方式不能反映各兄弟结点之间的关系，所以实现 RightSibling(t, x)操作也比较困难。在实际中，如果需要实现这些操作，可在结点结构中增设存放第一个孩子的域和存放第一个右兄弟的域，就能较方便地实现上述操作了。

2．孩子表示法

1) 多重链表法

由于树中每个结点都有零个或多个孩子结点，因此，可以令每个结点包括一个结点信息域和多个指针域，每个指针域指向该结点的一个孩子结点，通过各个指针域值反映出树中各结点之间的逻辑关系。在这种表示法中，树中每个结点有多个指针域，形成了多条链表，所以这种方法又常称为多重链表法。

在一棵树中，各结点的度数各异，因此结点的指针域个数的设置有两种方法：

(1) 每个结点指针域的个数等于该结点的度数；

(2) 每个结点指针域的个数等于树的度数。

对于方法(1)，它虽然在一定程度上节约了存储空间，但由于树中各结点是不同构的，各种操作不容易实现，所以这种方法很少采用；方法(2)中各结点是同构的，各种操作相对容易实现，但为此付出的代价是存储空间的浪费。图 5.20 是图 5.19(a)所示的树采用这种方法的存储结构示意图。显然，方法(2)适用于各结点的度数相差不大的情况。

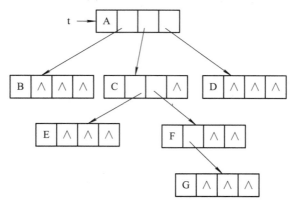

图 5.20　图 5.19(a)所示树的多重链表示法示意图

树中结点的存储表示可描述为

```
#define MAXSON 20                //树的度
typedef struct TreeNode {
    TElemType    data;
    struct TreeNode    * nextchild [MAXSON];
}NodeType;
```

对于任意一棵树 t，可以定义 NodeType *t;，使变量 t 为指向树的根结点的指针。

2) 孩子链表法

孩子链表法是把树中每个结点的孩子结点排列起来，形成一个线性表，以单链表作为存储结构，则 n 个结点有 n 个孩子单链表(叶子的孩子链表为空表)，单链表的表结点结构由两个域组成，一个存放孩子结点在一维数组中的序号，另一个是指针域，指向下一个孩子结点。n 个孩子链表头结点组成一个线性表，为了便于查找，采用顺序存储结构，即一个与树结点个数一样大小的一维数组，数组的每一个元素由两个域组成，一个域用来存放结点信息，另一个用来存放指针，该指针指向由该结点的孩子组成的单链表的首位置。孩子链表法按如图 5.21 所示的形式存储数据。

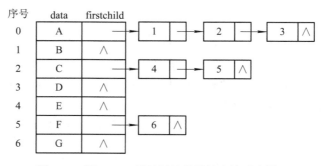

图 5.21　图 5.19(a)所示树的孩子链表法示意图

在孩子链表法中查找双亲比较困难，查找孩子却十分方便，故适用于对孩子操作多的应用。这种存储表示可描述为

孩子链表结点结构为：

```
typedef    struct CTNode {
    int              child;
    struct CTNode *nextchild;
} *ChildPtr;
```

孩子链表头结点结构为：

```
typedef    struct {
    TElemType      data;
    ChildPtr   firstchild;       // 孩子链表头指针
} CTBox;
typedef    struct {
    CTBox node[MAX_TREE_SIZE];
    int n, r;                        //结点数和根位置
} CTree;
```

3. 双亲孩子表示法

双亲孩子表示法是将双亲表示法和孩子表示法相结合的一种表示方法，各结点的孩子结点仍分别组成单链表，同时用一维数组存储树中的各结点，数组元素除了包括结点本身的信息和该结点的孩子结点链表的头指针之外，还增设一个域，用于存储该结点的双亲结点在数组中的序号。

4. 孩子兄弟表示法

孩子兄弟表示法是一种常用的存储结构。树的每个结点除信息域外，再增加两个分别指向该结点的第一个孩子结点和下一个兄弟结点的指针。在这种存储结构下，树中结点的存储表示可描述为

```
typedef struct CSNode{
    TElemType      data;
    struct    CSNode *firstchild, *nextsibling;
} CSNode, *CSTree;
```

如图 5.22 所示给出了图 5.19(a)所示的树采用孩子兄弟表示法时的存储示意图。

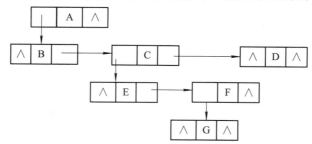

图 5.22 图 5.19(a)所示树的孩子兄弟表示法示意图

从树的孩子兄弟表示法可以看到，如果设定一定规则，就可用二叉树结构表示树和森林，这样，对树的操作实现就可以借助二叉树来存储，利用二叉树的操作来实现。本节将讨论树和森林与二叉树之间的转换方法。

5.4.2　树与二叉树的转换

树与二叉树的转换

对于一棵无序树，树中结点的各孩子的次序是无关紧要的，而二叉树中结点的左、右孩子结点是有区别的。为了避免发生混淆，约定树中每一个结点的孩子结点按从左到右的次序编号。如图 5.23 所示的一棵树，根结点 A 有 B、C、D 三个孩子，可以认为结点 B 为 A 的第一个孩子结点，结点 C 为 A 的第二个孩子结点，结点 D 为 A 的第三个孩子结点。

将一棵树转换为二叉树的方法是：树中的每一个结点都是左手拉它的第一个孩子，右手拉该结点的兄弟，结果如图 5.24 所示。

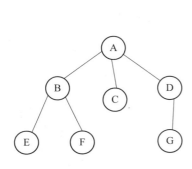

图 5.23　一棵树

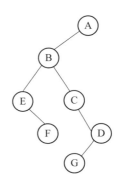

图 5.24　图 5.23 树转换后的二叉树

5.4.3　森林与二叉树的转换

森林与二叉树的转换

由森林的概念可知，森林是若干棵树的集合，只要将森林中各棵树的根视为兄弟，每棵树又可以用二叉树表示，这样，森林也同样可以用二叉树表示。

森林转换为二叉树的方法如下：

(1) 将森林中的每棵树转换成相应的二叉树。

(2) 第一棵二叉树不动，从第二棵二叉树开始，依次把后一棵二叉树的根结点作为前一棵二叉树根结点的右孩子，当所有二叉树连起来后，此时所得到的二叉树就是由森林转换得到的二叉树。

这一方法可形式化描述为：

如果 $F = \{ T_1, T_2, \cdots, T_m \}$ 是森林，则可按如下规则转换成一棵二叉树 $B = (root, LB, RB)$。

(1) 若 F 为空，即 $m = 0$，则 B 为空树；

(2) 若 F 非空，即 $m \neq 0$，则 B 的根 root 即为森林中第一棵树的根 $Root(T_1)$；B 的左子树 LB 是从 T_1 中根结点的子树森林 $F_1 = \{ T_{11}, T_{12}, \cdots, T_{1m} \}$ 转换而成的二叉树；其右子树 RB 是从森林 $F' = \{ T_2, T_3, \cdots, T_m \}$ 转换而成的二叉树。

如图 5.25 所示给出了森林及其转换为二叉树的过程。

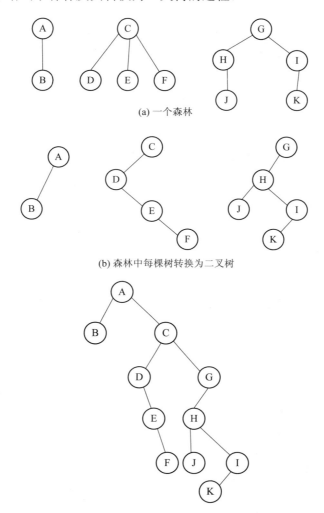

(a) 一个森林

(b) 森林中每棵树转换为二叉树

(c) 所有二叉树连接后的二叉树

图 5.25　森林及其转换为二叉树的过程示意图

5.4.4　树和森林的遍历

1. 树的遍历

1) 先根遍历

先根遍历的定义为：

(1) 先访问树的根结点；

(2) 按照从左到右的顺序先根遍历根结点的每一棵子树。

按照树的先根遍历的定义，对如图 5.23 所示的树进行先根遍历，得到的结果序列为

A B E F C D G

2) 后根遍历

后根遍历的定义为:

(1) 按照从左到右的顺序后根遍历根结点的每一棵子树;

(2) 最后访问树的根结点。

按照树的后根遍历的定义,对如图 5.23 所示的树进行后根遍历,得到的结果序列为

EFBCGDA

根据树与二叉树的转换关系以及树和二叉树的遍历定义可知,树的先根遍历与其转换的相应二叉树的先序遍历的结果序列相同;树的后根遍历与其转换的相应二叉树的中序遍历的结果序列相同。因此树的遍历算法可以采用相应二叉树的遍历算法来实现的。

2. 森林的遍历

森林的遍历有先序遍历和中序遍历两种方式。

1) 先序遍历

先序遍历的定义为:

(1) 访问森林中第一棵树的根结点;

(2) 先序遍历第一棵树的根结点的子树森林;

(3) 先序遍历去掉第一棵树后的子森林。

对于如图 5.25(a)所示的森林进行先序遍历,得到的结果序列为

ABCDEFGHJIK

2) 中序遍历

中序遍历的定义为:

(1) 中序遍历第一棵树的根结点的子树森林;

(2) 访问森林中第一棵树的根结点;

(3) 中序遍历去掉第一棵树后的子森林。

对于如图 5.25(a)所示的森林进行中序遍历,得到的结果序列为

BADEFCJHKIG

根据森林与二叉树的转换关系以及森林和二叉树的遍历定义可以推知,森林的先序遍历和中序遍历与所转换的二叉树的先序遍历和中序遍历的结果序列相同。

5.5 哈 夫 曼 树

5.5.1 哈夫曼树的基本概念

1. 哈夫曼(Huffman)树的概念

树中一个结点到另一个结点之间的分支构成这两个结点之间的**路径**,路径上的分支数目称作**路径长度**。树的路径长度是指从树根到每一结点的路径长度之和。如果树中的叶子结点都具有一定的权值,可将这一概念加以推广,则结点的带权路径长度为从该结点到树根之间的路径长度与结点上权的乘积。

哈夫曼(Huffman)树，也称最优树，是一类带权路径长度最短的树，有着广泛应用。

2. 带权二叉树

(1) 设二叉树具有 n 个带权值的叶子结点，那么从根结点到各个叶子结点的路径长度与相应结点权值的乘积之和叫作二叉树的带权路径长度，记为

$$WPL = \sum_{k=1}^{n} w_k \cdot L_k$$

其中，w_k 为第 k 个叶子结点的权值，L_k 为第 k 个叶子结点的路径长度。如图 5.26 所示的二叉树，它的带权路径长度为

$$WPL = 2 \times 2 + 4 \times 2 + 5 \times 2 + 3 \times 2 = 28$$

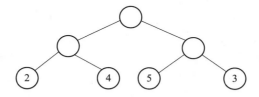

图 5.26　一个带权二叉树

(2) 给定一组具有确定权值的叶子结点，可以构造出不同的带权二叉树。

例 5.5　给出 4 个叶子结点，设其权值分别为 1、3、5、7，请构造出形状不同的二叉树。

如图 5.27 所示给出了其中 5 个不同形状的二叉树。

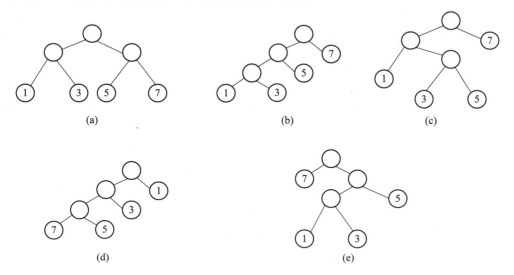

图 5.27　具有相同叶子结点和不同带权路径长度的二叉树

这 5 棵树的带权路径长度分别为

① $WPL = 1 \times 2 + 3 \times 2 + 5 \times 2 + 7 \times 2 = 32$；

② $WPL = 1 \times 3 + 3 \times 3 + 5 \times 2 + 7 \times 1 = 29$；

③ $WPL = 1 \times 2 + 3 \times 3 + 5 \times 3 + 7 \times 1 = 33$；

④ WPL = $7 \times 3 + 5 \times 3 + 3 \times 2 + 1 \times 1 = 43$；

⑤ WPL = $7 \times 1 + 5 \times 2 + 3 \times 3 + 1 \times 3 = 29$。

这些形状不同的二叉树的带权路径长度各不相同，由此可见，相同权值的一组叶子结点所构成的二叉树有不同的形状和不同的带权路径长度。

5.5.2　哈夫曼树的构造方法

根据哈夫曼树的定义，一棵二叉树要使其 WPL 值最小，必须使权值越大的叶子结点越靠近根结点，而权值越小的叶子结点越远离根结点。哈夫曼(Haffman)依据这一特点最早研究出一个带有一般规律的算法，俗称哈夫曼树，现叙述如下：

(1) 根据给定的 n 个权值{w_1, w_2, …, w_n}，构造 n 棵二叉树的集合 F = {T_1, T_2, …, T_n}，其中每棵二叉树 T_i 中均只含一个带权值为 w_i 的根结点，其左、右子树均为空树；

(2) 在 F 中选取其根结点的权值为最小的两棵二叉树，分别作为左、右子树构造一棵新的二叉树，并置这棵新的二叉树根结点的权值为其左、右子树根结点的权值之和；

(3) 从 F 中删去这两棵树，同时加入刚生成的新二叉树；

(4) 重复(2)和(3)两步，直至 F 中只含一棵二叉树为止。这棵树便是哈夫曼树。

例 5.6　叶子结点权值集合为 W = {1，3，5，7}的哈夫曼树的构造过程，如图 5.28 所示。

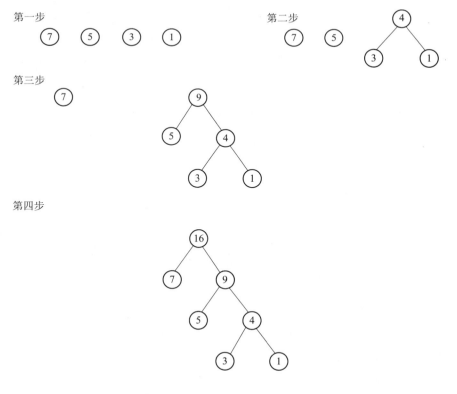

图 5.28　哈夫曼树的建立过程

可以计算出其带权路径长度 WPL = $7 \times 1 + 5 \times 2 + 3 \times 3 + 1 \times 3 = 29$，由此可见，对于

同一组给定叶子结点所构造的哈夫曼树，树的形状可能不同，但带权路径长度值是相同的，且一定是最小的。

在构造哈夫曼树时，可以设置一个结构数组 HuffNode 以保存哈夫曼树中各结点的信息，根据二叉树的性质可知，具有 n 个叶子结点的哈夫曼树共有 2n−1 个结点，所以数组 HuffNode 的大小设置为 2n−1，数组元素的结构形式如下：

weight	lchild	rchild	parent

其中，weight 域保存结点的权值，lchild 和 rchild 域分别保存该结点的左、右孩子结点在数组 HuffNode 中的序号，从而建立起结点之间的关系。为了判定一个结点是否已加入到要建立的哈夫曼树中，可通过 parent 域的值来确定。初始时 parent 的值为 −1，当结点加入到树中时，该结点 parent 的值为其双亲结点在数组 HuffNode 中的序号，就不会是 −1 了。

构造哈夫曼树时，首先将由 n 个字符形成的 n 个叶子结点存放到数组 HuffNode 的前 n 个分量中，然后根据前面介绍的哈夫曼方法的基本思想，不断将两个小子树合并为一个较大的子树，每次构成的新子树的根结点顺序放到 HuffNode 数组中前 n 个分量的后面。

算法 5.6 给出了哈夫曼树的构造算法。

算法 5.6

```
#define MAXVALUE 10000            //定义最大权值
#define MAXLEAF 30                //定义哈夫曼树中叶子结点个数
#define MAXNODE   MAXLEAF*2-1
typedef struct {
    int weight;
    int parent;
    int lchild;
    int rchild;
}HNodeType;
void    HaffmanTree(HNodeType HuffNode [ ])
{   //哈夫曼树的构造算法
    int i, j, m1, m2, x1, x2, n;
    scanf("%d", &n);                //输入叶子结点个数
    for (i=0; i<2*n-1; i++)         //数组 HuffNode[ ]初始化
    {
        HuffNode[i].weight=0;
        HuffNode[i].parent=-1;
        HuffNode[i].lchild=-1;
        HuffNode[i].rchild=-1;
    }
    for (i=0; i<n; i++) scanf("%d", &HuffNode[i].weight);     //输入 n 个叶子结点的权值
    for (i=0;i<n-1;i++)             //构造哈夫曼树
```

```
    {
        m1=m2=MAXVALUE;
        x1=x2=0;
        for (j=0; j<n+i; j++)
        {
            if (HuffNode[j].weight<m1 && HuffNode[j].parent==-1)
            {
                m2=m1;
                x2=x1;
                m1=HuffNode[j].weight;
                x1=j;
            }
            else if (HuffNode[j].weight<m2 && HuffNode[j].parent==-1)
            {
                m2=HuffNode[j].weight;
                x2=j;
            }
        }
        //将找出的两棵子树合并为一棵子树
        HuffNode[x1].parent=n+i;
        HuffNode[x2].parent=n+i;
        HuffNode[n+i].weight= HuffNode[x1].weight+HuffNode[x2].weight;
        HuffNode[n+i].lchild=x1;
        HuffNode[n+i].rchild=x2;
    }
}
```

5.5.3　哈夫曼编码

1. 编码的概念

在数据通信中，经常需要将传送的文字转换成由二进制字符 0、1 组成的二进制串，这个过程称为编码。

例5.7　假设要传送的电文中只含有 A、B、C、D 四种字符，如果要传送电文 ABACCDA，传送时要求传送时间尽可能短。

采用如图 5.29(a)所示的编码时，则电文的代码为 000010000100100111000，长度为 21。

采用如图 5.29(b)所示的编码时，上述电文的代码为 00010010101100，长度为 14。

采用如图 5.29(c)所示的编码时，上述电文的代码为 0110010101110，长度仅为 13。

传送电文时传送时间尽可能短，这就要求电文的编码总长尽可能短。第一种编码方案产生的电文代码不够短。第二种编码方案中，四种字符的编码均为两位，是一种等长编码。第三种编码方案中，编码时考虑字符出现的频率，让出现频率高的字符采用尽可能短的编码，出现频率低的字符采用稍长的编码，构造一种不等长编码，电文的代码就会缩短。

在建立不等长编码时，必须使任何一个字符的编码都不是另一个字符编码的前缀，这样才能保证译码的唯一性。例如图 5.29(d)所示的编码方案，字符 A 的编码 01 是字符 B 的编码 010 的前缀部分，这样对于代码串 0101001，既是 AAC 的代码，也是 ABD 和 BDA 的代码，因此，这样的编码不能保证译码的唯一性，将其称为具有二义性的译码。

字符	编码
A	000
B	010
C	100
D	111

(a)

字符	编码
A	00
B	01
C	10
D	11

(b)

字符	编码
A	0
B	110
C	10
D	111

(c)

字符	编码
A	01
B	010
C	001
D	10

(d)

图 5.29　字符的四种不同的编码方案

2. 哈夫曼编码

(1) 采用哈夫曼树进行编码时，既不会产生上述二义性问题，还可构造出使电文的编码总长最短的编码方案。

因为，在哈夫曼树中，每个字符结点都是叶子结点，它们不可能在根结点到其他字符结点的路径上，所以一个字符的哈夫曼编码不可能是另一个字符的哈夫曼编码的前缀，从而保证了译码的非二义性。在哈夫曼编码树中，树的带权路径长度是各个字符的码长与其出现次数的乘积之和，也就是电文的代码总长，所以采用哈夫曼树构造的编码是一种能使电文代码总长最短的不等长编码。

(2) 采用哈夫曼树进行编码的具体做法如下。

设需要编码的字符集合为 $\{d_1, d_2, \cdots, d_n\}$，它们在电文中出现的次数或频率集合为 $\{w_1, w_2, \cdots, w_n\}$，$d_1, d_2, \cdots, d_n$ 作为叶子结点，$w_1, w_2, \cdots, w_n$ 作为它们的权值，构造一棵哈夫曼树，规定哈夫曼树中的左分支代表 0，右分支代表 1，则从根结点到每个叶子结点所经过的路径分支组成的 0 和 1 的序列便为该结点对应字符的编码，将其称为哈夫曼编码。

(3) 实现哈夫曼编码的算法可分为两大部分：

① 构造哈夫曼树；

② 在哈夫曼树上求叶子结点的编码。

求哈夫曼编码，实质上就是在已建立的哈夫曼树中，从叶子结点开始，沿结点的双亲链域回退到根结点，每回退一步，就走过了哈夫曼树的一个分支，从而得到一位哈夫曼码值，由于一个字符的哈夫曼编码是从根结点到相应叶子结点所经过的路径上各分支所组成的 0、1 序列，因此先得到的分支代码为所求编码的低位码，后得到的分支代码为所求编码的高位码。可以设置一结构数组 HuffCode 用来存放各字符的哈夫曼编码信息，数组元素的结构如下：

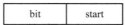

其中，分量 bit 为一维数组，用来保存字符的哈夫曼编码；start 表示该编码在数组 bit 中的开始位置。所以，对于第 i 个字符，它的哈夫曼编码存放在 HuffCode[i].bit 中从 HuffCode[i].start 到 n 的分量上。

哈夫曼编码的算法描述如算法 5.7 所示。

算法 5.7

```
#define MAXBIT 10                      //定义哈夫曼编码的最大长度
typedef struct {
    int bit[MAXBIT];
    int start;
}HCodeType;
void HaffmanCode ( )
{   //生成哈夫曼编码
    HNodeType HuffNode[MAXNODE];
    HCodeType HuffCode[MAXLEAF], cd;
    int i, j, c, p;
    HuffmanTree (HuffNode );          //建立哈夫曼树
    for (i=0; i<n; i++)               //求每个叶子结点的哈夫曼编码
    {
        cd.start=n-1;
        c=i;
        p=HuffNode[c].parent;
        while(p!=0)                    //由叶子结点向上直到树根
        {
            if (HuffNode[p].lchild==c) cd.bit[cd.start]=0;
            else    cd.bit[cd.start]=1;
            cd.start--;
            c=p;
            p=HuffNode[c].parent;
        }
        for (j=cd.start+1; j<n; j++)    //保存求出的每个叶子结点的哈夫曼编码和编码的起始位
            HuffCode[i].bit[j]=cd.bit[j];
```

```
        HuffCode[i].start=cd.start;
    }
    for (i=0; i<n; i++)                    //输出每个叶子结点的哈夫曼编码
    {
        for (j=HuffCode[i].start+1; j<n; j++)
            printf("%ld",HuffCode[i].bit[j]);
        printf("\n");
    }
}
```

小　　结

　　树和二叉树在处理非线性问题中的应用非常广泛，是数据结构的重要内容。树和二叉树的知识点如图 5.30 所示。

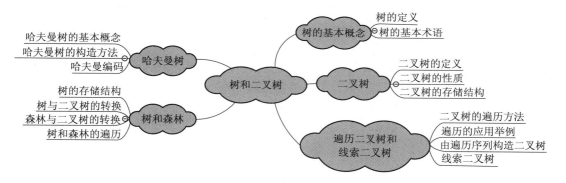

图 5.30　树和二叉树的知识点

习　　题

思政学习与探究

一、选择题

　　1．设按照从上到下、从左到右的顺序从 1 开始对完全二叉树进行顺序编号，则编号为 i 结点的左孩子结点的编号为(　　)。

　　A．2i+1　　　　　　B．2i　　　　　　　C．i/2　　　　　　D．2i-1

　　2．设二叉树的先序遍历序列和后序遍历序列正好相反，则该二叉树满足的条件是(　　)。

　　A．空或只有一个结点　　　　　B．高度等于其结点数
　　C．任一结点无左孩子　　　　　D．任一结点无右孩子

　　3．二叉树的第 k 层的结点数最多为(　　)。

　　A．2^{k-1}　　　　　B．2k+1　　　　　C．2k-1　　　　　D．2^{k-1}

4. 设某棵二叉树的中序遍历序列为 ABCD，前序遍历序列为 CABD，则后序遍历该二叉树得到的序列为(　　)。

A. BADC　　　　B. BCDA　　　　C. CDAB　　　　D. CBDA

5. 深度为 k 的完全二叉树中最少有(　　)个结点。

A. 2k − 2　　　　B. 2k　　　　C. 2k − 1

6. 设某二叉树中度数为 0 的结点数为 N_0，度数为 1 的结点数为 N_1，度数为 2 的结点数为 N_2，则下列等式成立的是(　　)。

A. $N_0 = N_1 + 1$　　B. $N_0 = N_1 + N_2$　　C. $N_0 = N_2 + 1$　　D. $N_0 = 2N_1 + 1$

二、应用题

1. 若二叉树中结点的值均不相同，则由二叉树的先序序列和中序序列，或由其后序序列的中序序列均能唯一地确定一棵二叉树，但由先序序列和后序序列却不一定能唯一地确定一棵二叉树。

(1) 已知一棵二叉树的先序序列和中序序列分别为 ABDGHCEFI 和 GDHBAECIF，请画出此二叉树。

(2) 已知一棵二叉树的中序序列和后序序列分别为 BDCEAFHG 和 DECBHGFA，请画出此二叉树。

(3) 已知两棵二叉树先序序列和中序序列均为 AB 和 BA，请画出这两棵不同的二叉树。

2. 以 w = {5, 29, 7, 8, 14, 23, 3, 11} 作权值，构造一棵哈夫曼树。

3. 要传输字符集 D = {C, A, S, T, B}，字符出现频率 w = {2, 4, 2, 3, 3}，构造一棵哈夫曼树，并写出字符集的编码。

实　　验

1. 实验目的

熟练掌握二叉树的二叉链表存储结构和二叉树的先序、中序和后序遍历。

2. 实验任务

以字符串的形式(根、左子树、右子树)描述一棵二叉树，构造一棵二叉树，并对该二叉树进行中序和后序遍历。

3. 输入格式

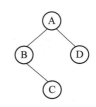

图 5.31　二叉树

输入根、左子树、右子树序列的字符串。例如，空树用空格"□"表示；只含一个根结点 A 的二叉树，用字符串"A□□"表示；如图 5.31 所示的二叉树，则用字符串"AB□C□□D□□"表示。

4. 输出格式

输出构建的二叉树的中序序列和后序序列。

输入示例	输出示例
AB□C□□D□□	BCAD(中序序列)
	CBDA(后序序列)

(1) 二叉链表存储结构的 C 语言描述。

```
#include"malloc.h"
#include"process.h"
#include"stdio.h"
#define OK 1
typedef char ElemType;
typedef int Status;
typedef struct BiTNode
{
    ElemType data;
    struct BiTNode *lchild, *rchild;        //左右孩子指针
}BiTNode, *BiTree;
```

(2) 构造一棵二叉链表存储的二叉树。

```
void CreateBiTree(BiTree &T)
{   //按先序次序输入二叉树中结点的值
    ElemType ch;
    scanf("%c",&ch);
    if(ch= =' ')                            //空
        T=0;
    else
    {
    T=(BiTree)malloc(sizeof(BiTNode));
        if(!T) exit(-1);
        T->data=ch;                         //生成根结点
        CreateBiTree(T->lchild);            //构造左子树
        CreateBiTree(T->rchild);            //构造右子树
    }
}
```

(3) 后序和中序遍历二叉树。

```
Status visitT(ElemType e)
{
    printf("%c ", e);
    return OK;
}
void PostOrderTraverse(BiTree T, Status (*Visit)(ElemType))
{   //先序递归遍历 T，对每个结点调用函数 Visit 一次且仅一次
    if(T)                                   //T 不空
    {
        PostOrderTraverse(T->lchild,Visit);     //再先序遍历左子树
```

```
                PostOrderTraverse(T->rchild,Visit);        //再先序遍历右子树
                Visit(T->data);                            //最后访问根结点
            }
        }
        void InOrderTraverse(BiTree T, Status (*Visit)(ElemType))
        {       // 操作结果: 中序递归遍历 T，对每个结点调用函数 Visit 一次且仅一次
            if(T)
            {
                InOrderTraverse(T->lchild, Visit);        //先中序遍历左子树
                Visit(T->data);                           //再访问根结点
                InOrderTraverse(T->rchild, Visit);        //最后中序遍历右子树
            }
        }
```

(4) 在主程序中根据输入构造二叉树 T，并调用后序和中序遍历算法检验算法是否正确。

```
        int main()
        {
            BiTree T;
            printf("请先序输入二叉树(如:ab 三个空格表示 a 为根结点,b 为左子树的二叉树)\n");
            CreateBiTree(T);
            printf("\n 中序递归遍历二叉树:\n");
            InOrderTraverse(T, visitT);
            printf("后序递归遍历二叉树:\n");
            PostOrderTraverse(T, visitT);
            return 0;
        }
```

第6章 图

学习目标

1. 熟悉图的定义及基本术语。
2. 掌握图的各种存储结构。
3. 熟练掌握图遍历的逻辑含义、深度优先遍历算法和广度优先遍历算法。
4. 掌握最小生成树的概念及其构造算法。

图(Graph)是一种比线性表和树更为复杂的数据结构。在线性表中，数据元素之间仅有线性关系，每个数据元素只有一个直接前驱和一个直接后继；在树型结构中，数据元素之间有着明显的层次关系，并且每一层上的数据元素可能和下一层中的多个元素相关，但只能和上一层中的一个元素相关；而在图形结构中，结点之间的关系可以是任意的，图中任意两个数据元素之间都有可能相关。因此，图的应用相当广泛，在自然科学、社会科学和人文科学等许多领域都有着非常广泛的应用。

6.1 图的基本概念

6.1.1 图的定义

图的概念

图由非空的顶点(Vertex)集合和描述顶点之间的关系——边(Edge)或弧(Arc)的集合组成。其形式化定义为: $G=(V, E)$; $V=\{ v_i| v_i \in$某个数据元素集合$\}$；$E=\{(v_i,v_j)| v_i,v_j \in V$ 且 $P(v_i,v_j)\}$或 $E=\{<v_i,v_j>| v_i,v_j \in V$ 且 $P(v_i,v_j)\}$。其中，G 表示图，V 是顶点的集合，E 是边或弧的集合。在集合 E 中，$P(v_i,v_j)$表示顶点 v_i 和顶点 v_j 之间有边或弧相连。如图 6.1 所示给出了图的示例。

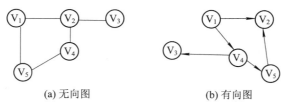

图 6.1 图示例

在图 6.1(a)中，V = {V₁, V₂, V₃, V₄, V₅}，E = {(V₁, V₂), (V₂, V₃), (V₁, V₅), (V₂, V₄), (V₄, V₅)}；

在图 6.1(b)中，V = {V₁, V₂, V₃, V₄, V₅}，E={<V₁, V₂>, <V₁, V₄>, <V₅, V₂>, <V₄, V₃>, <V₄, V₅>}。

6.1.2　图的基本术语

(1) 无向图：在一个图中，如果任意两个顶点 v_i 和 v_j 构成的偶对$(v_i, v_j) \in E$ 是无序的，即顶点之间的连线没有方向，则该图称为无向图，如图 6.1(a)所示是一个无向图。

(2) 有向图：在一个图中，如果任意两个顶点 v_i 和 v_j 构成的偶对 $<v_i, v_j> \in E$ 是有序的，即顶点之间的连线有方向，则该图称为有向图，如 6.1(b)所示是一个有向图。

(3) 边、弧、弧头、弧尾：无向图中两个顶点之间的连线称为边，边用顶点的无序偶对(v_i, v_j)表示，称顶点 v_i 和顶点 v_j 互为邻接点，(v_i, v_j)边依附于顶点 v_i 和顶点 v_j。有向图中两个顶点之间的连线称为弧，弧用顶点的有序偶对 $<v_i, v_j>$ 表示，有序偶对的第一个结点 v_i 称为始点(或弧尾)，在图中是不带箭头的一端；有序偶对的第二个结点 v_j 称为终点(或弧头)，在图中是带箭头的一端。

(4) 无向完全图：在一个无向图中，如果任意两个顶点之间都有边相连，则称该图为无向完全图(Undirected Complete Graph)。在一个含有 n 个顶点的无向完全图中，有 n(n−1)/2 条边。

(5) 有向完全图：在一个有向图中，如果任意两个顶点之间都有弧相连，则称该图为有向完全图。在一个含有 n 个顶点的有向完全图中，有 n(n−1)条弧。

(6) 顶点的度、入度、出度：在无向图中，顶点 v 的度(Degree)是指依附于顶点 v 的边数，通常记为 TD(v)。在有向图中，顶点的度等于顶点的入度(In Degree)与顶点的出度(Out Degree)之和。顶点 v 的入度是指以该顶点 v 为弧头的弧的数目，记为 ID(v)；顶点 v 的出度是指以该顶点 v 为弧尾的弧的数目，记为 OD(v)。所以，顶点 v 的度 TD(v) = ID(v) + OD(v)。

(7) 权、网：有些图的边(或弧)附带有一些数据信息，这些数据信息称为边(或弧)的权。在实际问题中，权可以表示某种含义。比如，在一个地方的交通图中，边上的权值表示该条线路的长度或等级。在一个工程进度图中，弧上的权值可以表示从前一个工程到后一个工程所需要的时间或其他代价等。边(或弧)上带权的图称为网或网络(Network)。如图 6.2 所示是带权图的示例图。

(8) 子图：设有两个图 G = (V，E)，G' = (V'，E')，如果 V 是 V' 的子集，E 也是 E' 的子集，则称图 G 是 G' 的子图。如图 6.3 所示是子图的示例图。

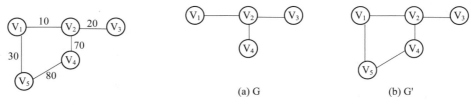

图 6.2　带权图　　　　　　　　　(a) G　　　　　　　　　(b) G'

　　　　　　　　　　　　　　图 6.3　子图示例图

(9) 路径、路径长度：在无向图 G = (V，E)中，若顶点 V_p 到 V_q 之间的路径(Path)是一个顶点序列 $V_p = V_{i0}, V_{i1}, \cdots, V_{im} = V_q$，其中，$(V_{ij-1}, V_{ij}) \in E (1 \leqslant j \leqslant m)$；如果 G 是有向

图，则<V_{ij-1}，V_{ij}>∈E(1≤j≤m)，则称顶点 V_q 到 V_q 存在一条路径。路径长度(Path Length)定义为路径上边或弧的数目。如图 6.2 所示，从顶点 V_1 到顶点 V_3 存在 2 条路径，长度分别为 2 和 4。

(10) 简单路径、回路、简单回路：若一条路径上的顶点不重复出现，则称此路径为简单路径。第一个顶点和最后一个顶点相同的路径称为回路。除第一个顶点和最后一个顶点相同，其余顶点都不重复的回路称为简单回路。

(11) 连通、连通图、连通分量：在无向图中，若两个顶点之间有路径，则称这两个顶点是连通的。如果无向图 G 中任意两个顶点之间都是连通的，则称图 G 是连通图。如图 6.3 所示是连通图。连通分量是无向图 G 的极大连通子图，如图 6.4 所示。极大连通子图是一个图的连通子图，该子图不是该图的其他连通子图的连通分量。

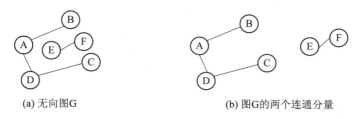

(a) 无向图G　　　　　　　　　　(b) 图G的两个连通分量

图 6.4　图的连通分量

(12) 强连通图、强连通分量：在有向图中，若图中任意两个顶点之间都存在从一个顶点到另一个顶点的路径，则称该有向图是强连通图。有向图的极大强连通子图称为强连通分量。极大强连通子图是一个有向图的强连通子图，该子图不是该图的其他强连通子图的子图。

(13) 生成树：所谓连通图 G 的生成树是指 G 的包含其全部顶点的一个极小连通子图。所谓极小连通子图是指，在包含所有顶点并且保证连通的前提下包含原图中最少的边的图。一棵具有 n 个顶点的连通图 G 的生成树有且仅有 n-1 条边，如果少一条边就不是连通图，如果多一条边就一定有环，但是，有 n-1 条边的图不一定是生成树。如图 6.5 所示就是图 6.3(a) 的一棵生成树。

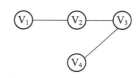

图 6.5　图 6.3(a)的一棵生成树

(14) 生成森林：在非连通图中，由每个连通分量都可得到一个极小连通子图，即一棵生成树。这些连通分量的生成树组成了一个非连通图的生成森林。

6.1.3　图的抽象数据类型

图是一种数据结构，加上一组基本操作，就构成了图的抽象数据类型。图的抽象数据类型定义如下：

    ADT Graph{
        数据对象 V：V 是具有相同特性的数据元素的集合，称为顶点集。
        数据关系 R：
        R={VR}
        VR={<v,w>|v,w∈V 且 P(v,w),<v,w>表示从 v 到 w 的弧，P(v,w)定义了

弧<v,w>的意义或信息}

基本操作：

　　CreateGraph(&G,V,VR);

初始条件：V 是图的顶点集，VR 是图中弧的集合。

操作结果：按 V 和 VR 的定义构造图 G。

　　DestroyGraph(&G);

初始条件：图 G 存在。

操作结果：销毁图 G。

　　LocateVex(G,u);

初始条件：图 G 存在，u 和 G 中顶点有相同特征。

操作结果：若 G 中存在顶点 u，则返回该顶点在图中位置；否则返回其他信息。

　　GetVex(G,v);

初始条件：图 G 存在，v 是 G 中某个顶点。

操作结果：返回 v 的值。

　　PutVex(&G,v,value);

初始条件：图 G 存在，v 是 G 中某个顶点。

操作结果：对 v 赋值 value。

　　FirstAdjVex(G,v);

初始条件：图 G 存在，v 是 G 中某个顶点。

操作结果：返回 v 的第一个邻接顶点。若顶点在 G 中没有邻接顶点，则返回"空"。

　　NextAdjVex(G,v,w);

初始条件：图 G 存在，v 是 G 中某个顶点，w 是 v 的邻接顶点。

操作结果：返回 v 相对于 w 的下一个邻接顶点。若 w 是 v 的最后一个邻接点，则返回"空"。

　　InsertVex(&G,v);

初始条件：图 G 存在，v 和图中顶点有相同特征。

操作结果：在图 G 中增添新顶点 v。

　　DeleteVex(&G,v);

初始条件：图 G 存在，v 是 G 中某个顶点。

操作结果：删除 G 中顶点 v 及其相关的弧。

　　InsertAcr(&G,v,w);

初始条件：图 G 存在，v 和 w 是 G 中两个顶点。

操作结果：在 G 中增添弧<v,w>，若 G 是无向的，则还增添对称弧<w,v>。

　　DeleteArc(&G,v,w);

初始条件：图 G 存在，v 和 w 是 G 中两个顶点。

操作结果：在 G 中删除弧<v,w>，若 G 是无向的，则还删除对称弧<w,v>。

　　DFSTraverser(G,v,Visit());

初始条件：图 G 存在，v 是 G 中某个顶点，Visit 是顶点的访问函数。

操作结果：从顶点 v 起深度优先遍历图 G，并对每个顶点调用函数 Visit 一次。
一旦调用 Visit() 失败，则操作失败。
　　　　　BFSTRaverse(G,v,Visit());
初始条件：图 G 存在，v 是 G 中某个顶点，Visit 是顶点的访问函数。
操作结果：从顶点 v 起广度优先遍历图 G，并对每个顶点调用函数 Visit 一次。
一旦调用 Visit() 失败，则操作失败。

　　　}

6.2　图的存储结构

　　图是一种复杂的数据结构，顶点之间是多对多的关系，即任意两个顶点之间都可能存在联系，所以无法用顶点在存储区的位置关系来表示顶点之间的联系，即顺序存储结构不能完全存储图的信息，但可以用数组来存储图的顶点信息。要存储顶点之间的关系可以使用链式存储结构或者二维数组。在实际应用中，应根据具体的图和需要进行的操作设计恰当的结点结构和表结构。图的存储结构有多种，常用的有邻接矩阵、邻接表和十字链表等。

6.2.1　邻接矩阵

　　邻接矩阵用两个数组来表示图，一个数组是一维数组，用来存储图中顶点的信息；一个数组是二维数组，即矩阵，用来存储顶点之间相邻的信息，也就是边(或弧)的信息，这是邻接矩阵名称的由来。

　　假设图 $G=(V，E)$ 中有 n 个顶点，即 $V=\{V_0，V_1，\cdots，V_{n-1}\}$，用矩阵 A[i][j] 表示边(或弧)的信息。矩阵 A[i][j] 是一个 $n \times n$ 的矩阵，矩阵的元素为：

$$A[i][j]=\begin{cases} 1，若(V_i，V_j)或<V_i，V_j>是\ E(G)中的边或弧 \\ 0，若(V_i，V_j)或<V_i，V_j>不是\ E(G)中的边或弧 \end{cases}$$

　　若 G 是网，则邻接矩阵可定义为：

$$A[i][j]=\begin{cases} W_{ij}，若(V_i，V_j)或<V_i，V_j>是\ E(G)中的边或弧 \\ 0\ 或\ \infty，若(V_i，V_j)或<V_i，V_j>不是\ E(G)中的边或弧 \end{cases}$$

其中，W_{ij} 表示边$(v_i，v_j)$或弧$<v_i，v_j>$上的权值；∞ 表示一个计算机允许的大于所有边上权值的数。图 6.2 和图 6.3(a)的邻接矩阵如图 6.6 所示。

$$A=\begin{bmatrix} \infty & 10 & \infty & \infty & 30 \\ 10 & \infty & 20 & 70 & \infty \\ \infty & 20 & \infty & \infty & \infty \\ \infty & 70 & \infty & \infty & 80 \\ 30 & \infty & \infty & 80 & \infty \end{bmatrix} \qquad A=\begin{bmatrix} 0 & 1 & 0 & 0 \\ 1 & 0 & 1 & 1 \\ 0 & 1 & 0 & 0 \\ 0 & 1 & 0 & 0 \end{bmatrix}$$

(a) 图6.2的邻接矩阵　　　(b) 图6.3(a)的邻接矩阵

图 6.6　邻接矩阵

　　从图的邻接矩阵表示法可以看出这种表示法的特点如下：

　　(1) 无向图或无向网的邻接矩阵一定是一个对称矩阵。因此，在具体存放邻接矩阵时只需存放上(或下)三角矩阵的元素即可。

(2) 可以很方便地查找图中任一顶点的度。对于无向图或无向网而言，顶点 V_i 的度就是邻接矩阵中第 i 行或第 i 列中非 0 或非∞的元素的个数。对于有向图或有向网而言，顶点 V_i 的入度就是邻接矩阵中第 i 列中非 0 或非∞的元素的个数，顶点 V_i 的出度是邻接矩阵中第 i 行中非 0 或非∞的元素的个数。

(3) 可以很方便地查找图中任一条边或弧的权值，只要 A[i][j]为 0 或∞，就说明顶点 V_i 和 V_j 之间不存在边或弧。但是，要确定图中有多少条边或弧，则必须按行、列对每个元素进行检测，所花费的时间代价是很大的。这是用邻接矩阵存储图的局限性。

一个图的邻接矩阵存储结构可用 C 语言描述如下：

```
//----------图的邻接矩阵存储表示------------
#define INFINITY    INT_ MAX //最大值
#define   MAX_VERTEX_NUM     20//最大顶点个数
typedef   enum { DG, DN, UDG, UDN} GraphKind;    //有向图、有向网、无向图、无向网
typedef struct ArcCell{
    VRType    adj;          // VRType 是顶点关系类型。对无权图用 1 或 0 表示相邻否；
                            //对带权图，则为权值类型
    InfoType   * info;      //该弧相关信息的指针
}ArcCell,   AdjMatrix[MAX_VERTEX_NUM] [MAX_VERTEX_NUM];
typedef struct{
    VertexType    vexs[MAX_VERTEX_NUM];          //顶点向量
    AdjMatrix     arcs;    //邻接矩阵
    int vexnum,arcnum ;    //图的当前顶点数和弧数
    GraphKind     kind;    //图的种类标志
}MGraph;
```

6.2.2 邻接表

邻接表是图的一种顺序存储与链式存储相结合的存储结构，类似于树的孩子链表法。顺序存储是指图中的顶点信息用一个一维数组来存储，一个顶点数组元素是一个顶点结点。顶点结点有两个域，一个是数据域(data)，存放与顶点相关的信息；一个是指针域(firstarc)，存放该顶点的邻接表的第一个结点的地址。顶点的邻接表是把所有邻接于某结点的顶点构成一个表，它采用链式存储结构。邻接表中的每个结点保存的是与该顶点相关的边或弧的信息，它有两个域，一个是邻接顶点域(adjvex)，存放邻接顶点的信息，实际上就是邻接顶点在顶点数组中的序号；另一个是指针域(nextarc)，存放下一个邻接顶点的结点地址。顶点结点和邻接表结点的结构如图 6.7 所示。

对于网的邻接表结点还需要存储边上的信息(如权值)，所以结点应增设一个域(info)。网的邻接表结点的结构如图 6.8 所示。

(a) 顶点结点   (b) 邻接表结点

图 6.7 顶点结点和邻接表结点的结构

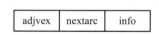

图 6.8 网的邻接表结点结构

一个图的邻接表存储结构可用 C 语言描述如下：

```
//------------图的邻接表存储表示----------
#define   MAX_VERTEX_NUM    20        //最大顶点个数
typedef struct ArcNode {
    int          adjvex;              // 该弧所指向的顶点的位置
    struct ArcNode  *nextarc;         // 指向下一条弧的指针
    InfoType     *info;               // 该弧相关信息的指针
} ArcNode;
typedef struct VNode {
    VertexType   data;                // 顶点信息
    ArcNode   *firstarc;              // 指向第一条依附于该顶点的弧
} VNode, AdjList[MAX_VERTEX_NUM];
typedef struct {
    AdjList   vertices;
    int       vexnum, arcnum;
    int       kind;                   // 图的种类标志
} ALGraph;
```

图 6.9(a)和(b)的邻接表分别如图 6.10(a)和(b)所示。

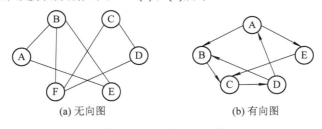

(a) 无向图   (b) 有向图

图 6.9 无向图和有向图

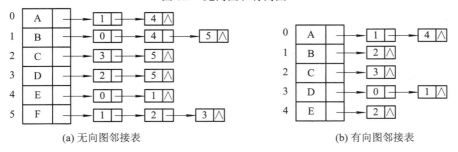

(a) 无向图邻接表   (b) 有向图邻接表

图 6.10 图 6.9 的邻接表

在无向图的邻接表中，顶点 V_i 的度恰为第 i 个链表中的结点数；而在有向图中，第 i 个链表中的结点个数只是顶点 V_i 的出度，为求入度，必须遍历整个邻接表。在所有链表中，其邻接点域的值为 i 的结点的个数是顶点 V_i 的入度。为了便于确定顶点的入度或以顶点 V_i 为头的弧，有时可以建立一个有向图的逆邻接表，即对每个顶点 V_i 建立一个链接以 V_i 为头的弧的表。

在邻接表上容易找到任一顶点的第一个邻接点和下一个邻接点，但要判定任意两个顶点

V_i 和 V_j 之间是否有边或弧相连，则需搜索第 i 个或第 j 个链表，因此，不及邻接矩阵方便。

6.2.3　十字链表

十字链表(Orthogonal List)是有向图的另一种链式存储结构，可以看作将有向图的邻接表和逆邻接表结合起来得到的一种链表。在十字链表中，对应于有向图中的每一条弧都有一个结点，对应于每个顶点也有一个结点，这些结点的结构如图 6.11 所示。

tailvex	headvex	hlink	tlink	info

(a) 弧结点

data	firstin	firstout

(b) 顶点结点

图 6.11　结点的结构

在弧结点中有 5 个域：其中尾域(tailvex)和头域(headvex)分别指示弧尾和弧头这两个顶点在图中的位置，链域 hlink 指向弧头相同的下一条弧，而链域 tlink 指向弧尾相同的下一条弧，info 域指向该弧的相关信息。弧头相同的弧在同一链表上，弧尾相同的弧也在同一链表上。它们的头结点即为顶点结点，由 3 个域组成：其中 data 域存储和顶点相关的信息，如顶点的名称等；firstin 和 firstout 为两个链域，分别指向以该顶点为弧头和弧尾的第一个弧结点。例如图 6.12(a)中所示图的十字链表如图 6.12(b)所示。

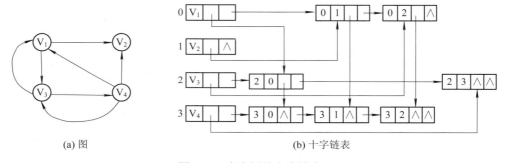

(a) 图　　　　　　　　　　　　　　　　(b) 十字链表

图 6.12　有向图的十字链表

在十字链表中容易找到以 V_i 为头和尾的弧，也容易求顶点的出度和入度。有向图的十字链表存储表示用 C 语言描述如下：

```
typedef struct ArcBox {          // 弧的结构表示
    int tailvex, headvex;    InfoType   *info;
    struct ArcBox   *hlink, *tlink;
} VexNode;
    typedef struct VexNode {         // 顶点的结构表示
    VertexType    data;
    ArcBox   *firstin, *firstout;
} VexNode;
```

6.3　图 的 遍 历

图的遍历是指从图中的某个顶点出发，按照某种顺序访问图中的每个顶点，使每个顶点被访问一次且仅被访问一次。图的遍历与树的遍历操作功能相似。图的遍历是图的一种基本操作，图的许多其他操作都是建立在遍历操作的基础之上的。

图的遍历比树的遍历要复杂得多。这是因为图中的顶点之间是多对多的关系，图中任何一个顶点都可能和其他的顶点相邻接。所以，在访问了某个顶点之后，从该顶点出发，可能沿着某条路径遍历之后，又回到该顶点上。为了避免同一顶点被访问多次，在遍历图的过程中，必须记下每个已访问过的顶点。为此，可以设一个辅助数组 visited[n]，n 为图中顶点的数目。数组中元素的初始值全为 0，表示顶点都没有被访问过，如果顶点 V_i 被访问，则 visited[i−1]为 1。

图的遍历有深度优先遍历和广度优先遍历两种方式，它们对图和网都适用。

6.3.1　深度优先遍历

图的深度优先遍历类似于树的先序遍历，是树的先序遍历的推广。

假设初始状态是图中所有顶点未曾被访问过，则深度优先遍历可从图中某个顶点 V 出发，访问此顶点，然后依次从 V 的未被访问的邻接顶点出发深度优先遍历图，直至图中所有和 V 有路径相通的顶点都被遍历过。若此时图中尚有未被访问的顶点，则另选图中一个未被访问的顶点作为起始点，重复上述过程，直到图中所有顶点都被访问到为止。

例 6.1　按深度优先遍历对图 6.13(a)进行遍历。

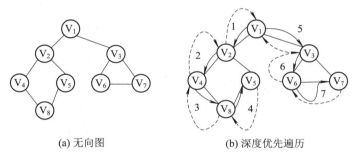

(a) 无向图　　　　　　　(b) 深度优先遍历

图 6.13　图的深度优先遍历

假设从顶点 V_1 出发进行遍历，在访问了顶点 V_1 之后，选择邻接顶点 V_2。因为 V_2 未曾访问，则从 V_2 出发进行遍历。依次类推，接着从 V_4、V_8、V_5 出发进行遍历。在访问了 V_5 之后，由于 V_5 的邻接顶点都已被访问，则遍历回到 V_8。由于同样的理由，继续遍历回到 V_4、V_2 直至 V_1，此时由于 V_1 的另一个邻接顶点未被访问，则遍历又从 V_1 到 V_3 开始，再继续进行下去。由此，得到顶点的访问序列为

$$V_1 \quad V_2 \quad V_4 \quad V_8 \quad V_5 \quad V_3 \quad V_6 \quad V_7$$

显然，这是一个递归的过程。下面以无向图的邻接表存储结构为例来实现图的深度优先遍历算法。算法中附设了一个整型数组 visited，它的初始值全为 0，表示图中所有的顶点都没有被访问过。如果顶点 V_i 被访问，则 visited[i−1]=1。具体实现过程如算法 6.1 和算法 6.2 所示。

算法 6.1

```
//-----------算法使用全局变量------------
int    visited[MAX];       //访问标志数组
Status(*VisitFunc)(int v); // 函数变量
```

```
void DFSTraverse(MGraph G, Status (*Visit)(int v)) {
    // 对图 G 作深度优先遍历
    VisitFunc = Visit;
    for (v=0; v<G.vexnum; ++v)
        visited[v] = 0; // 访问标志数组初始化
    for (v=0; v<G.vexnum; ++v)
        if (!visited[v])   DFS(G, v);
                    // 对尚未访问的顶点调用 DFS
}
```

算法 6.2

```
void DFS(Graph G, int v){
    //从第 v 个顶点出发递归地深度优先遍历图 G
    visited[v]=1;   VisitFunc (v) ;              //访问第 v 个顶点
    for(w=FirstAdjVex(G, v);w>=0;   w=NextAdjVex(G, v,w))
        if(!visited[w])       DFS(G,w);          //对 v 尚未访问的邻接顶点 w 递归调用 DFS
        PostVisit(G,v);   //对顶点 v 的后访问(后处理操作)，在拓扑排序时就用到了后处理点
}
```

分析上面的算法，在遍历图时，对图中每个顶点至多调用一次 DFS 方法，因为一旦某个顶点被标记成已被访问，就不再从它出发进行遍历。因此，遍历图的过程实质上是对每个顶点查找其邻接顶点的过程，其时间复杂度取决于所采用的存储结构。当图采用邻接矩阵作为存储结构时，查找每个顶点的邻接顶点的时间复杂度为 $O(n^2)$，其中，n 为图的顶点数。而以邻接表作为图的存储结构时，查找邻接顶点的时间复杂度为 $O(e)$，其中，e 为图中边或弧的数目。因此，当以邻接表作为存储结构时，深度优先遍历图的时间复杂度为 $O(n+e)$。

6.3.2 广度优先遍历

图的广度优先遍历(Breadth First Search)类似于树的层序遍历。

假设从图中的某个顶点 V 出发，访问了 V 之后，依次访问 V 的各个未曾访问的邻接顶点。然后分别从这些邻接顶点出发依次访问它们的邻接顶点，并使"先被访问的顶点的邻接顶点"先于"后被访问的顶点的邻接顶点"被访问，直至图中所有已被访问的顶点的邻接顶点都被访问。若此时图中尚有顶点未被访问，则另选图中未被访问的顶点作为起点，重复上述过程，直到图中所有的顶点都被访问为止。换句话说，广度优先遍历图的过程是以某个顶点 V 作为起始点，由近至远，依次访问和 V 有路径相通且路径长度为 1，2，…的顶点。

例 6.2　按广度优先遍历算法对图 6.13(a)进行遍历。

图 6.13(a)所示的无向图的广度优先遍历的过程如图 6.14 所示。假设从顶点 V_1 开始进行广度优先遍历，首先访问顶点 V_1 和它的邻接顶点 V_2 和 V_3，然后依次访问

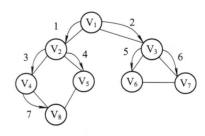

图 6.14　图 6.13(a)的广度优先遍历

V_2 的邻接顶点 V_4 和 V_5，以及 V_3 的邻接顶点 V_6 和 V_7，最后访问 V_4 的邻接顶点 V_8。由于这些顶点的邻接顶点都已被访问，并且图中所有顶点都已被访问，由此完成了图的遍历，得到的顶点访问序列为：V_1、V_2、V_3、V_4、V_5、V_6、V_7、V_8，其遍历过程如图 6.14 所示。

　　和深度优先遍历类似，在广度优先遍历中也需要一个访问标记数组，在此采用与深度优先遍历同样的数组。为了顺序访问路径长度为 1，2，…的顶点，需在算法中附设一个队列来存储已被访问的路径长度为 1，2，…的顶点。

　　以邻接表作为存储结构的无向图的广度优先遍历算法的实现如算法 6.3 所示，队列是循环顺序队列。

算法 6.3

```
void BFSTraverse(ALGraph G, Status(*Visit)(int v))
{
    //按广度优先非递归遍历图 G。使用辅助队列 Q 和访问标志数组 visited
    for (v=0; v<G. vexnum;++v)    visited[v]=0;
    InitQueue(Q);                      //置空的辅助队列 Q
    for(v = 0; v<G. vexnum;++v)
      if(!visited[v])
      {                                //v 尚未访问
          visited[v]=1; visit(v);
          EnQueue(Q, v);              //v 入队列
          while(!QueueEmpty(Q))
          {
              DeQueue(Q, u);          //队头元素出队并置为 u
              for(w=FirstAdjVex(G, u);w> = 0;W=NextAdjVex(G, u, w))
              if (!visited[w]){        // w 为 u 的尚未访问的邻接顶点
                  visited[w]=1;   visit(w);
                    EnQueue(Q,W);
              }
          }// while
      }
}
```

　　分析上面的算法，每个顶点最多入队列一次。遍历图的过程实质上是通过边或弧查找邻接顶点的过程，因此，广度优先遍历算法的时间复杂度与深度优先遍历的时间复杂度相同，两者的不同之处在于对顶点的访问顺序不同。

6.4 图 的 应 用

6.4.1 最小生成树

　　由生成树的定义可知，无向连通图的生成树不是唯一的，对连通图的不同遍历可得到不

同的生成树。如果是一个无向连通网,那么它的所有生成树中必有一棵边的权值总和最小的生成树,称这棵生成树为最小代价生成树(Minimum Cost Spanning Tree),简称最小生成树。

许多应用问题都是一个求无向连通网的最小生成树问题。例如,要在 n 个城市之间铺设光缆,铺设光缆的费用很高,并且各个城市之间铺设光缆的费用不同。一个目标是要使这 n 个城市的任意两个之间都可以直接或间接通信,另一个目标是要使铺设光缆的总费用最低。如果把 n 个城市看作图的 n 个顶点,两个城市之间铺设的光缆看作两个顶点之间的边,这实际上就是求一个无向连通网的最小生成树问题。

由最小生成树的定义可知,构造有 n 个顶点的无向连通网的最小生成树必须满足以下三个条件:

(1) 构造的最小生成树必须包括 n 个顶点;

(2) 构造的最小生成树有且仅有 n−1 条边;

(3) 构造的最小生成树中不存在回路。

构造最小生成树的方法有许多种,典型的方法有两种,一种是普里姆(Prim)算法,一种是克鲁斯卡尔(Kruskal)算法。

1. 普里姆算法

普里姆算法的思想是:假设 G=(V, E)为一无向连通网,其中, V 为网中顶点的集合, E 为网中边的集合。设置两个新的集合 U 和 T。

令集合 U 的初值为 U = {u₁},假设构造最小生成树时从顶点 u₁ 开始,集合 T 的初值为 T = { }。从所有的顶点 u∈U 和顶点 v∈V−U 的带权边中选出具有最小权值的边(u₁, v₁),将顶点 v₁ 加入集合 U 中,将边(u₁, v₁)加入集合 T 中。如此不断地重复直到 U = V 时,最小生成树构造完毕。

普里姆算法

此时,集合 U 中存放着最小生成树的所有顶点,集合 T 中存放着最小生成树的所有边。

例 6.3　以图 6.15(a)为例,说明用普里姆算法构造图的无向连通网的最小生成树的过程。

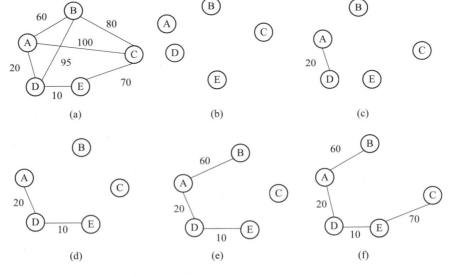

图 6.15　普里姆算法构造最小生成树的过程

初始时，算法的集合 U = {A}，集合 V−U = {B, C, D, E}，集合 T = {}，如图 6.15(b)所示。在所有 u 为集合 U 中顶点、v 为集合 V−U 中顶点的边(u, v)中寻找具有最小权值的边，寻找到的边是(A, D)，权值为 20，把顶点 D 加入到集合 U 中，把边(A, D)加入到集合 T 中，如图 6.15(c)所示。再在所有 u 为集合 U 中顶点、v 为集合 V−U 中顶点的边(u, v)中寻找具有最小权值的边，寻找到的边是(D, E)，权值为 10，把顶点 E 加入到集合 U 中，把边(D, E)加入到集合 T 中，如图 6.15(d)所示。随后依次从集合 V−U 中加入到集合 U 中的顶点为 B 和 C，依次加入到集合 T 中的边为(A, B)(权值为 60)和(E, C)(权值为 70)，分别如图 6.15(e)和图 6.15(f)所示。最后得到的图 6.15(f)就是原无向连通网的最小生成树。

2. 克鲁斯卡尔算法

克鲁斯卡尔算法的基本思想：对一个有 n 个顶点的无向连通网，将图中的边按权值大小依次选取，若选取的边使生成树不形成回路，则把它加入到树中；若形成回路，则将它舍弃。如此进行下去，直到树中包含 n−1 条边为止。

例 6.4 以图 6.16(a)为例说明用克鲁斯卡尔算法求无向连通网最小生成树的过程。

(1) 首先比较网中所有边的权值，找到具有最小权值的边(D, E)，加入到生成树的边集 TE 中，TE = {(D, E)}，如图 6-16(b)所示。

(2) 比较图中除边(D,E)的边的权值，又找到具有最小权值的边(A,D)，不会形成回路，加入到生成树的边集 TE 中，TE = {(A, D), (D, E) }，如图 6-16(c)所示。

(3) 再比较图中除 TE 以外的所有边的权值，找到具有最小权值的边(A, B)，并且不会形成回路，加入到生成树的边集 TE 中，TE = {(A,D), (D, E), (A, B)}，如图 6-16(d)所示。

(4) 比较图中除 TE 以外的所有边的权值，找到最小权值的边(E, C)，并且不会形成回路，加入到生成树的边集 TE 中，TE={(A, D), (D, E), (A, B), (E, C)}，如图 6-16(e)所示。

此时，边集 TE 中已经有 n−1 条边，所以求如图 6.16(a)所示的无向连通网的最小生成树的过程已经完成，如图 6.16(e)所示。这个结果与用普里姆算法得到的结果相同。

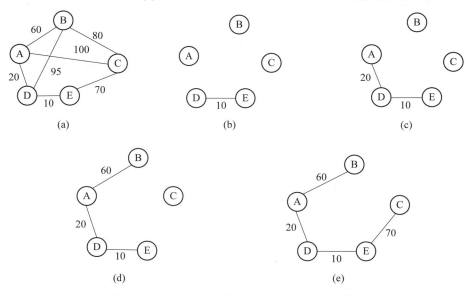

图 6.16 克鲁斯卡尔算法求最小生成树的过程

6.4.2　拓扑排序

拓扑排序(Topological Sort)是图中重要的运算之一，在实际中应用很广泛。例如，很多工程都可分为若干个独立的子工程，这些子工程称为"活动"。每个活动之间存在一定的先决条件关系，即在时间上有着一定的相互制约关系。也就是说，有些活动必须在其他活动完成之后才能开始，即某项活动的开始必须以另一项活动的完成为前提。在有向图中，若以图中的顶点表示活动，以弧表示活动之间的优先关系，这样的有向图称为 AOV 网(Active On Vertex Network)。

在 AOV 网中，若从顶点 V_i 到顶点 V_j 之间存在一条有向路径，则称 V_i 是 V_j 的前驱，V_j 是 V_i 的后继。若<V_i,V_j>是 AOV 网中的弧，则称 V_i 是 V_j 的直接前驱，V_j 是 V_i 的直接后继。

在 AOV 网中，不应该出现有向环路，因为有环意味着某项活动以自己作为先决条件，这样就进入了死循环，是错误的。若设计出这样的流程图，工程便无法进行。对于给定的 AOV 网，应首先判定网中是否存在环。检测的办法是对有向图进行拓扑排序，若网中所有顶点都在它的拓扑有序序列中，则 AOV 网中必定不存在环。

例如，一个软件专业的学生必须按一定顺序学习一系列的基本课程。其中，有些课程是基础课，如"高等数学""程序设计基础"等课程不需要先修课程，而另一些课程必须在先学完某些课程之后才能开始学习。如通常在学完"程序设计基础"和"离散数学"之后才开始学习"数据结构"等。可以用 AOV 网来表示各课程及其之间的关系。

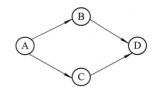

图 6.17　有向无环图

实现一个有向图的拓扑有序序列的过程称为拓扑排序。可以证明，任何一个有向无环图，其全部顶点都可以排成一个拓扑序列，而其拓扑有序序列不一定是唯一的。例如，如图 6.17 所示的有向图的拓扑有序序列有多个。其拓扑有序序列为 A B C D 或 A C B D。

由上面两个序列可知，对于图中没有弧相连的两个顶点，它们在拓扑排序的序列中出现的次序没有要求。例如，第一个序列中是 BC，第二个则反之。拓扑排序的任何一个序列都是一个可行的活动执行顺序，它可以检测到图中是否存在环，因为如果有环，则环中的顶点无法输出，所以得到的拓扑有序序列就不能包含图中所有的顶点。下面是拓扑排序算法的描述：

(1) 在有向图中选择一个入度为 0 的顶点(即没有前驱的顶点)，由于该顶点没有任何先决条件，故输出该顶点；

(2) 从图中删除所有以该顶点为尾的弧；

(3) 重复执行(1)和(2)，直到找不到入度为 0 的顶点，拓扑排序完成。

如果图中仍有顶点存在，却没有入度为 0 的顶点，说明 AOV 网中有环路，否则没有环路。

例 6.5　以图 6.18(a)所示为例，求有向图的一个拓扑有序序列。

(1) 在如图 6.18(a)所示的有向图中选取入度为 0 的顶点 c_4，删除顶点 c_4 及与它相关联的弧<c_4, c_3>，<c_4, c_5>，得到如图 6.18(b)所示的结果，并得到第一个拓扑有序序列顶点 c_4。

(2) 在图 6.18(b)中选取入度为 0 的顶点 c_5，删除顶点 c_5 及与它相关联的弧$<c_5, c_6>$，得到如图 6.18(c)所示的结果，并得到两个拓扑有序序列顶点(c_4, c_5)。

(3) 在图 6.18(c)中选取入度为 0 的顶点 c_1，删除顶点 c_1 及与它相关联的弧$<c_1, c_2>$，$<c_1, c_3>$，得到如图 6.18(d)所示的结果，并得到三个拓扑有序序列顶点(c_4, c_5, c_1)。

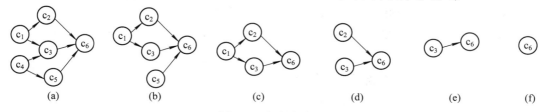

图 6.18　拓扑排序过程

(4) 在图 6.18(d)中选取入度为 0 的顶点 c_2，删除顶点 c_2 及与它相关联的弧$<c_2, c_6>$，得到如图 6.18(e)所示的结果，并得到四个拓扑有序序列顶点(c_4, c_5, c_1, c_2)。

(5) 在图 6.17(e)中选取入度为 0 的顶点 c_3，删除顶点 c_3 及与它相关联的弧$<c_3, c_6>$，得到如图 6.17(f)所示的结果，并得到五个拓扑有序序列顶点(c_4, c_5, c_1, c_2, c_3)。

(6) 选取仅剩下的最后一个顶点 c_6，拓扑排序结束，得到如图 6.17(a)所示的有向图的一个拓扑有序序列(c_4, c_5, c_1, c_2, c_3, c_6)。

小　结

图的存储结构和算法在复杂的程序设计中用得较多，图的主要知识点如图 6.19 所示。

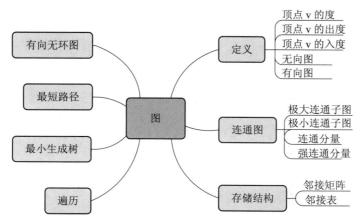

图 6.19　图的主要知识点

习　题

思政学习与探究

一、选择题

1. 设某无向图有 n 个顶点，则该无向图的邻接表中有(　　)个表头结点。

A. 2n　　　　　　　B. n　　　　　　　C. n/2　　　　　　D. n(n − 1)

2. 设用邻接矩阵 A 表示有向图 G 的存储结构，则有向图 G 中顶点 i 的入度为(　　)。

A. 第 i 行非 0 或非 ∞ 元素的个数之和　　　B. 第 i 列非 0 或非 ∞ 元素的个数之和

C. 第 i 行 0 元素的个数之和　　　　　　　　D. 第 i 列 0 元素的个数之和

3. 设某完全无向图中有 n 个顶点，则该完全无向图中有(　　)条边。

A. n(n-1)/2　　　　　B. n(n-1)　　　　　C. n²　　　　　D. n² − 1

二、应用题

1. 画出无向图 6.20 的邻接矩阵和邻接表的示意图，并写出每个顶点的度。

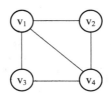

图 6.20

2. 画出有向图 6.21 的邻接矩阵和邻接表的示意图，并写出每个顶点的入度和出度。

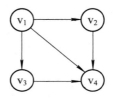

图 6.21

3. 对应图 6.22，写出从顶点 v1 出发进行深度优先遍历和广度优先遍历得到的顶点序列。

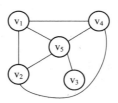

图 6.22

4. 求图 6.23 的连通分量。

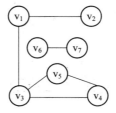

图 6.23

5. 对应图 6.24，分别用普里姆算法和克鲁斯卡尔算法画出得到最小生成树的过程。

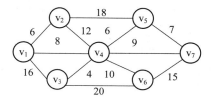

图 6.24

6. 写出图 6.25 的拓扑排序序列。

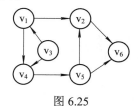

图 6.25

实 验

1. 实验目的
熟练掌握图的邻接表存储结构和图的深度优先遍历算法。

2. 实验任务
建立无向图的邻接表，并对该图进行深度优先遍历。

3. 输入格式
第一行输入顶点个数 n，第二行输入边数 e，从第三行开始输入由顶点确定的 e 条边。

4. 输出格式
输出该图深度优先遍历得到的序列。如要输入如图 6.26 所示的图，则输入、输出示例如下：

```
输入示例      输出示例
  4           1 2 4 3
  3
 1,2
 2,4
 1,3
```

图 6.26

(1) 图的邻接表存储结构的 C 语言描述。
```
#include "stdio.h"
#include "malloc.h"
#define MAXSIZE 30
typedef struct node        // 邻接表结点
    {
```

```
    int adjvex;                        // 邻接点域
    struct node *next;                 // 指向下一个邻接边结点的指针域
    }EdgeNode;
    typedef struct vnode               // 顶点表结点类型
    {
    int vertex;                        // 顶点域
    EdgeNode *firstedge;               // 指向邻接表第一个邻接边结点的指针域
    }VertexNode;
```

(2) 构造图的邻接表算法。

```
    void CreatAdjlist(VertexNode g[],int e,int n)
    {// n 为顶点数，e 为边数，g[]存储 n 个顶点表结点
    EdgeNode *p;
    int i,j,k;
    printf("Input data of vetex(0~n-1);\n");
    for(i=0;i<n;i++)                   // 建立有 n 个顶点的顶点表
    {
    g[i].vertex=i;                     // 读入顶点 i 信息
    g[i].firstedge=NULL;               // 初始化指向顶点 i 的邻接表表头指针
    }
    for (k=1;k<=e;k++)                 // 输入 e 条边
    {
    printf("Input edge of(i,j):");
    scanf("%d,%d",&i,&j);
    p=(EdgeNode*)malloc(sizeof(EdgeNode));
    p->adjvex=j;                       // 在顶点 vi 的邻接表中添加邻接点为 j 的结点
    p->next=g[i].firstedge;            // 插入是在邻接表表头进行的
    g[i].firstedge=p;
    p=(EdgeNode*)malloc(sizeof(EdgeNode));
    p->adjvex=i;                       // 在顶点 vj 的邻接表中添加邻接点为 i 的结点
    p->next=g[j].firstedge;            // 插入是在邻接表表头进行的
    g[j].firstedge=p;
    }
    }
```

(3) 深度优先遍历算法。

```
    int visited[MAXSIZE];              //访问标志数组
    void DFS(VertexNode g[],int i)
    {
    EdgeNode *p;
    printf(" %d ",g[i].vertex);        // 输出顶点 i 信息，即访问顶点 i
```

```
visited[i]=1;
p=g[i].firstedge;              // 根据顶点 i 的指针 firstedge 查找其邻接表的第一个邻接边结点
while(p!=NULL)
{
if(!visited[p->adjvex])        // 如果邻接的这个边结点未被访问过
DFS(g,p->adjvex);             // 对这个边结点进行深度优先搜索
p=p->next;                    // 查找顶点 i 的下一个邻接边结点
}
}
void DFSTraverse(VertexNode g[],int n)
{// 深度优先搜索遍历以邻接表存储的图，其中 g 为顶点数，n 为顶点个数
int i;
for(i=0;i<n;i++)
visited[i]=0;                  // 访问标志置 0
for(i=0;i<n;i++)
  if(!visited[i])              // 当 visited[i] 等于 0 时即顶点 i 未访问过
    DFS(g,i);                 // 从未访问过的顶点 i 开始遍历
}
```

(4) 在主程序中输入任意无向图 G，并检验深度优先算法是否正确。

```
int main()
{
int e,n;
VertexNode G[MAXSIZE];         // 定义顶点表结点类型数组 g
printf("Input number of node:\n");   // 输入图中结点个数
scanf("%d",&n);
printf("Input number of edge:\n");   // 输入图中边的个数
scanf("%d",&e);
CreatAdjlist(G,e,n);           // 建立无向图的邻接表
printf("DFSTraverse:\n");
DFSTraverse(G,n);              // 深度优先遍历以邻接表存储的无向图
return 0;
}
```

第 7 章 查　　找

 学习目标

1. 熟练掌握顺序表和有序表的查找方法。
2. 熟练掌握二叉排序树的构造和查找方法。
3. 掌握哈希表的基本概念，了解常用哈希表的构造方法，掌握处理冲突的方法。
4. 了解各种查找方法在等概率情况下查找成功时的平均查找长度。

在日常生活中经常需要进行查找。比如，在英汉词典中查找某个英文单词的中文解释，在图书馆中查找一本书等。查找是为了得到某个信息而进行的工作。

在程序设计中，查找是对数据结构中的记录(和排序一样，在查找中把数据元素称为记录)进行处理时经常采用的一种操作。查找又称检索，是计算机科学中的重要研究课题之一，其目的就是从确定的数据结构中找出某个特定的记录。查找在程序中耗时最多，因此，一个好的查找方法会大大提高程序的运行速度。

7.1　基本概念和术语

查找(Search)是在数据结构中确定是否存在关键字等于给定关键字的记录的过程。关键字有主关键字和次关键字之分。主关键字能够唯一区分各个不同的记录，次关键字通常不能唯一区分各个不同的记录。对主关键字进行的查找是最经常、最主要的查找。

查找有静态查找和动态查找两种。静态查找是指只在数据结构里查找是否存在关键字等于给定关键字的记录，不改变数据结构；动态查找是指在查找过程中插入数据结构中不存在的记录，或者从数据结构中删除已存在的记录。

进行查找使用的数据结构称为查找表，查找表分为静态查找表和动态查找表。静态查找表用于静态查找，动态查找表用于动态查找。

在查找表里进行查找的结果有两种：查找成功和查找不成功。查找成功是指在查找表中找到了要查找的记录，查找不成功是指在查找表中没有找到要查找的记录。

在各种具体的查找问题中，虽然不同记录的数据域差别很大，但查找算法只与记录的关键字有关，与其他域无关。为了不失一般性，假设查找表中只存储记录的关键字。并且，为了讨论问题的方便，假设关键字是 ElemType 型，并可进行比较。

在一个结构中查找某个数据元素的过程依赖于这个数据元素在结构中所处的地位。因此，对表进行查找的方法取决于表中数据元素是以何种关系(这个关系是人为加上的)组织在一起的。在计算机中进行查找的方法也随数据结构的不同而不同。

　　本章讨论的查找表是一种非常灵便的数据结构，但也正是由于表中数据元素之间仅存在着"同属一个集合"的松散关系，给查找带来了不便。为此，需在数据元素之间人为地加上一些关系，以便按某种规则进行查找，即以另一种数据结构来表示查找表。

　　衡量查找算法最主要的标准是平均查找长度(Average Search Length，ASL)。平均查找长度是指在查找过程中进行的关键字比较次数的平均值，其数学定义为

$$ASL = \sum_{i=1}^{n} p_i c_i$$

其中，p_i 是指要查找的记录出现的概率，c_i 是指在查找相应记录时，需进行的关键字比较的次数。

7.2　静态查找表

　　由于静态查找不需要在静态查找表中插入或删除记录，所以，静态查找表的数据结构是线性结构，可以是顺序存储的静态查找表或链式存储的静态查找表。本书采用第 2 章介绍的顺序表作为静态查找表的存储结构。

7.2.1　顺序查找

　　顺序查找又称线性查找，其基本思想是：从静态查找表的一端开始，将给定记录的关键字与表中各记录的关键字逐一比较，若表中存在要查找的记录，则查找成功，并给出该记录在表中的位置；否则，查找失败，并给出失败信息。

顺序查找

　　以顺序表为例，记录从下标为 1 的单元开始存放，0 号单元用来存放要查找的记录，称为监视哨。监视哨设在顺序表的最低端，称为低端监视哨，也可以把监视哨设在顺序表的高端，称为高端监视哨。

　　顺序表的顺序查找的算法实现如算法 7.1 所示，顺序表中只存放记录的关键字。
　　算法 7.1

```
//----------静态查找表的顺序存储结构------------
#define    LIST_INIT_SIZE    100 //线性表存储空间的初始分配量
typedef    struct{
    ElemType    * elem;          //存储空间基址
    int         length;          //当前线性表长度
    int         listsize;        //当前分配的存储容量(以 sizeof(ElemType)为单位)
}SqList;
int Search(SqList    ST, ElemType key){
    //在顺序表 ST 中顺序查找其关键字等于 key 的数据元素。若找到，则函数值为
```

```
                    //该元素在表中的位置，否则为 0
        int   i;
        ST.elem[0]=key;                      //哨兵
        for(i=ST.length;ST.elem[i]!=key;i--);       //从后往前找
        return i; //找不到时，i 为 0
    }
    int main()                   //主程序用来检验顺序查找算法 7.1
    {
        SqList st;
        int i;
        st.elem=(ElemType *)malloc(LIST_INIT_SIZE*sizeof(ElemType));
        for(i=1;i<=6;i++)
            st.elem[i]=i;
        st.length=6;             //构造静态查找表  st=(1,2,3,4,5,6)
        i=Search(st, 5);         //调用顺序查找方法，在查找表 st 中查找 5 是否存在
        printf(" 位置为：%d \n ",i);
        i=Search(st, 8);         //调用顺序查找方法，在查找表 st 中查找 8 是否存在
        printf(" 位置为：%d \n",i);//不存在位置为 0
    }
```

性能分析：假设顺序表中每个记录的查找概率相同，即 $p_i = 1/n$，查找表中第 i 个记录顺序查找的平均查找需进行 n–i+1 次比较，即 $c_i = n-i+1$。当查找成功时顺序查找的平均查找长度为

$$ASL = \sum_{i=1}^{n} p_i c_i = \sum_{i=1}^{n} \frac{1}{n}(n - i + 1) = (n+1)/2$$

当查找不成功时，关键字的比较次数是 n+1 次。

顺序查找的基本操作是关键字的比较，因此，查找表的长度就是查找算法的时间复杂度，即为 O(n)。

许多情况下，在顺序查找表中，记录的查找概率是不相等的。为了提高查找效率，查找表应根据记录"查找概率越高，关键字的比较次数越少，查找概率越低，关键字的比较次数越多"的原则来存储记录。

7.2.2　折半查找

折半查找(Binary Search)又叫二分查找，其基本思想是：在有序表中，取中间的记录作为比较对象，如果要查找记录的关键字等于中间记录的关键字，则查找成功；如果要查找记录的关键字小于中间记录的关键字，则在中间记录的左半区继续查找；如果要查找记录的关键字大于中间记录的关键字，则在中间记录的右半区继续查找。不断重复上述查找过程，直到查找成功；或有序表中没有所要查找的记录，则查找失败。

假设顺序表 SqList 是有序的，设两个指示器，一个 low，指示要查找的第 1 个记录的位置，开始时指向 SqList.elem[1]的位置，SqList.elem[0]留作存放要查找的记录的关键字；另一个 high，指示要查找的最后一个记录的位置，开始时指示顺序表最后一个记录的位置。设要查找的记录的关键字为 key，当 low 不大于 high 时，反复执行以下步骤：

(1) 计算中间记录的位置 mid，mid = $\lfloor (low+ high)/2 \rfloor$；

(2) 若 key=SqList.elem[mid]，查找成功，退出循环；

(3) 若 key< SqList.elem[mid]，high=mid−1，转(1)；

(4) 若 key> SqList.elem[mid]，low=mid+ 1，转(1)。

有序表的折半查找的算法实现如算法 7.2 所示。

算法 7.2

```
int Search_Bin ( SqList ST ,ElemType key )
{
    int low = 1 , high = ST.length;
    while (low <= high)
    {
        mid = (low + high) / 2;
        if (key ==ST.elem[mid])      return    mid;
        else if (key <ST.elem[mid])      high = mid - 1;    // 继续在前半区间进行查找
        else    low = mid + 1;                              // 继续在后半区间进行查找
    }
    return 0;                                               // 顺序表中不存在待查元素
}
```

例 7.1 已知有序表中的记录按关键字排列为 7，13，18，25，46，55，58，61，67，69，72。在表中查找关键字为 58 和 30 的记录。

(1) 查找 58 的过程如下：

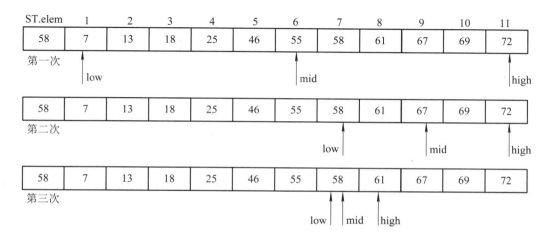

第 1 次比较：low = 1，high = 11，mid = (1+11)/2 = 6，58 > ST.elem[6] = 55，则 low = mid+1 = 7，high 不变。

第 2 次比较：low = 7，high = 11，mid = (7+11)/2 = 9，58 < ST.elem[9] = 67，则 low 不变，high = mid−1 = 8。

第 3 次比较：low = 7，high = 8，mid = $\lfloor (7+8)/2 \rfloor$ = 7，58 = ST.elem[7] = 58，查找成功。

(2) 查找 30 的过程如下：

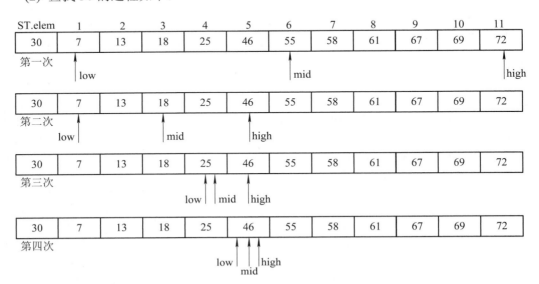

第 1 次比较：low = 1，high = 11，mid = (1+11)/2 = 6，30 < ST.elem[6] = 55，则 high = mid − 1 = 5，low 不变。

第 2 次比较：low = 1，high = 5，mid = (1+5)/2 = 3，30 > ST.elem[3] = 18，则 high 不变，low = mid+1 = 4。

第 3 次比较：low = 4，high = 5，mid=$\lfloor (4+5)/2 \rfloor$= 4，30 > ST.elem[4] = 25，则 high 不变，low = mid+1 = 5。

第 4 次比较，low = 5，high = 5，mid = (5+5)/2 = 5，30 < ST.elem[5] = 46，则 low 不变，high = mid−1 = 4，由于 high < low，表示有序表中没有关键字为 30 的记录，查找结束。

性能分析：从折半查找的过程来看，以有序表的中点作为比较对象，并以中点将有序表分为两个子表，对定位到的子表进行递归操作。所以，对有序表中的每个记录的查找过程，可用二叉树来描述，这棵二叉树称为判定树，如图 7.1 所示。

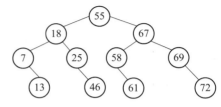

图 7.1　折半查找过程的判定树

查找有序表中任何一个记录的过程即是从判定树的根结点到该记录结点路径上的各结点关键字与给定记录关键字进行比较的过程。所以，比较次数为该记录结点在判定树中的层次数。由二叉树的性质可知，折半查找在查找成功时所进行的关键字比较次数为 $\lfloor \mathrm{lb}n \rfloor$+1 次。

折半查找的平均查找长度。为了便于讨论，假定有序表的长度 h = 2^k−1(反之，h =

lb(n+1))，则描述折半查找的判定树是深度为 k 的满二叉树。假设表中每个记录的查找概率是相等的，即 $p_i=1/n$，则查找成功时，折半查找的平均查找长度为

$$ASL=\sum_{i=1}^{k}\frac{1}{n}(2^{i-1}\times i)=\frac{n+1}{n}lb(n+1)-1\approx lb(n+1)-1，n>50$$

所以，折半查找的时间复杂度为 O lb n。折半查找的平均效率较高，但要求是有序表。

7.2.3　索引顺序表的查找

若以索引顺序表表示静态查找表，则 Search 函数可用分块查找来实现。分块查找又称索引查找(Index Search)，这是顺序查找的一种改进方法。在此查找法中，除表本身以外，尚需建立一个"索引表"。索引表和图书前面的目录非常相似。为了区分，把要建立索引表的顺序表称为主表。

为了提高查找的效率，索引表采用顺序存储并且必须有序，而主表中的记录不一定按关键字有序。因为对于记录个数非常大的主表而言，要按关键字有序，实现起来需要花费较多时间，所以，索引查找只要求主表中的记录按关键字分块有序，将主表分成若干个子表，并对子表建立索引表。因此，主表的每个子表由索引表中的记录确定，并且是分块有序的。所谓分块有序是指第二个子表中所有记录的关键字均大于第一个子表中最大关键字，第三个子表中的所有关键字均大于第二个子表中的最大关键字，…，以此类推。索引表中的记录由两个域组成：一个 data 域，存放对应子表中最大关键字的值；一个 link 域，存放对应子表的第一个记录在主表中的位置。图 7.2 所示是一个主表和一个索引表的结构图。

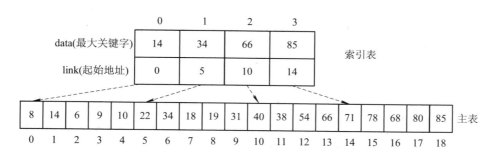

图 7.2　主表和索引表的结构图

索引查找分两步进行，先确定待查找记录所在的子表，然后在子表中进行顺序查找。例如，如图 7.2 所示，现在要查找关键字为 54 的记录。先将 54 依次与索引表中每个记录的 data 域的值进行比较，由于 34<54<66，因而若在主表中存在关键字为 54 的记录，则该记录必定在主表的第 3 个子表中。由于其相应的 link 域的值为 10，因此，从主表的第 11 个记录(数组的下标为 10)开始进行顺序查找。当比较到主表的第 13 个记录时，关键字相等，说明找到了主表中要查找的记录，则查找成功。当然，如果比较到第 15 个记录(因为索引表的下一个记录的 link 域的值为 14)仍然不等，说明主表中不存在要查找的记录，查找失败。

查找分析：设 n 个记录的顺序表分为 m 个子表，且每个子表均有 t 个记录，则 t=n/m。

这样，索引查找的平均查找长度为

$$ASL=ASL_{索引表}+ASL_{子表}=\frac{m+1}{2}+\frac{n/m+1}{2}=\frac{m+n/m}{2}+1$$

当主表中的记录个数非常多时，索引表本身可能也很大，此时可按照建立索引表的方法对索引表再建立索引表，这样的索引表称为二级索引表。同样的方法还可建立三级索引表。二级以上的索引结构称为多级索引结构。

7.3　哈　希　表

在前面介绍的查找表中，记录在查找表中的存放位置是随机的，与记录的关键字之间没有关系，查找时需要进行一系列的关键字比较才能确定被查记录在查找表中的位置，即查找算法是建立在关键字比较的基础之上的，查找效率由比较的次数决定。

如果能构造一个查找表，使记录的存放位置与记录的关键字之间存在某种对应关系，则可以由记录的关键字直接得到记录的存放位置，查找可以很快完成，查找的效率将得到极大的提高。哈希表(Hash Table)就是这样一种查找表，记录的关键字与记录存放位置之间的映射函数叫哈希函数。因此，哈希表是通过哈希函数来确定记录存放位置的一种数据结构。

7.3.1　哈希表的基本概念

哈希表也叫散列表，其构造方法是：对于 n 个记录，设置一个长度为 m (m≥n)的地址连续的查找表，通过一个函数 H，将每个记录的关键字映射为查找表中的一个单元的地址，并把该记录存放在该单元中，这样的查找表就是哈希表，函数 H 就是哈希函数，它实际记录的是关键字

哈希表概念

到内存单元的映射，因此，哈希函数的值称为哈希地址。从哈希表的构造方法可知，构造哈希表时一定要使用记录的主关键字，不能使用次关键字。

对于两个不同的关键字 k_i 和 k_j，有 $H(k_i)=H(k_j)$，这种情况称为哈希冲突。通常把具有不同关键字而具有相同哈希地址的记录称作"同义词"，由同义词引起的冲突称作同义词冲突。在哈希表中，同义词冲突是很难避免的。

解决哈希冲突的方法有很多，其基本思想是：当发生哈希冲突时，通过哈希冲突函数来产生一个新的哈希地址，使得原为同义词的记录的哈希地址不同。哈希冲突函数产生的哈希地址仍有可能发生冲突，此时再使用新的哈希冲突函数来得到新的哈希地址，直到不存在哈希冲突为止。这样就把要存放的 n 个记录通过哈希函数映射到了 m 个连续的内存单元中，从而完成哈希表的建立。

7.3.2　常用的哈希函数构造方法

对于哈希表，主要考虑两个问题，其一是如何构造哈希函数，其二是如何解决哈希冲突。对于如何构造哈希函数，应解决两个主要问题：

(1) 哈希函数是一个压缩映像函数，它具有较大的压缩性，不可避免地产生冲突。

(2) 哈希函数具有较好的散列性，尽可能均匀地把记录映射到各个存储地址上，尽量

减少冲突的产生，从而提高查找效率。

构造哈希函数时，一般都要对关键字进行计算，为了尽量避免产生相同的哈希函数值，应使关键字的所有组成成分都能起作用。

常用的哈希函数构造方法有直接定址法、除留余数法、数字分析法和平方取中法。

1. 直接定址法

直接定址法即取记录关键字的某个线性函数值为哈希地址，这类函数是一一对应函数，不会产生冲突，但要求地址集合与记录关键字集合的大小相同。因此，这种方法适用于记录不多的情况。

例 7.2 记录序列的关键字 key 为(5，10，15，20，25，30，35，40，45，50，55，60)，如表 7.1 所示。选取哈希函数为 H(key)=key/5−1，哈希表的内存空间为 12 个存储单元。

表 7.1

0	1	2	3	4	5	6	7	8	9	10	11
5	10	15	20	25	30	35	40	45	50	55	60

建表步骤如下：

H(key) = (key/5)−1 = (5/5)−1 = 0，关键字 5 放在 0 号单元；

H(key) = (key/5)−1 = (10/5)−1 = 1，关键字 10 放在 1 号单元；

H(key) = (key/5)−1 = (15/5)−1 = 2，关键字 15 放在 2 号单元；

…

H(key) = (key/5)−1 = (60/5)−1 = 11，关键字 60 放在 11 号单元。

2. 除留余数法

H(key) = key mod r(r 是一个常数)即取记录的关键字除以 r 的余数作为哈希地址。使用除留余数法时，r 的选取很重要。若哈希表的表长为 len，则要求 r 接近或等于 len，但不大于 len。r 一般选取质数或不包含小于 20 的质因数的合数。例 7.3 的哈希函数就是采用除留余数法构造的。

3. 数字分析法

假设记录的关键字是以 r 为基的数(如以 10 为基的十进制数)，并且哈希表中可能出现的关键字都是事先可知的，则可取关键字的若干数位作为哈希地址。例如，有 80 个记录，要构造的哈希表长度为 100。为了不失一般性，取其中 8 个记录的关键字进行分析，8 个关键字如下所示：

```
1 2 3 1 0 3 4 6
1 2 5 6 0 7 8 3
1 1 4 2 0 1 2 8
2 1 1 3 1 5 1 7
1 2 8 5 0 4 3 5
2 2 2 4 1 6 5 1
2 1 7 8 1 8 7 4
2 1 6 0 0 0 0 2
```

分析上述 8 个关键字可知，关键字从左到右的第 1、2、5 位的取值比较集中，不宜作为哈希地址，剩余的第 3、4、6、7、8 位的取值近乎随机，可选取其中的两位作为哈希地址。设选取第 6～7 位作为哈希地址，则 8 个关键字的哈希地址为 34、78、12、51、43、65、87、02。

4．平方取中法

平方取中法是指取关键字平方后的中间几位作为哈希地址。这是一种较常用的构造哈希函数的方法。但是，在选定哈希函数时不一定能知道关键字的全部情况，取其中的哪几位也不一定合适，而一个数平方后的中间几位数与数的每一位都相关，所以，随机分布的关键字得到的哈希地址也是随机的，取的位数由表长决定。

7.3.3　处理冲突的方法

哈希表的冲突

哈希函数构造时不可避免地会出现冲突，应用哈希函数构造哈希表时，关键的问题是如何解决冲突。解决冲突的方法基本上有两大类：一类是开放定址法，另一类是链表法。当发生冲突时，拉出一条链，建立一个链接方式的子表，使具有相同哈希函数值的关键字被链接在一个链表中。

1．开放定址法

开放定址法是指当由关键字得到的哈希地址一旦产生冲突(即该地址中已经存放了记录)时，就去寻找下一个哈希地址，直到找到空的哈希地址为止。只要哈希表足够大，空的哈希地址总能找到，并将记录存入。哈希地址序列为

$$H_i = (H(key) + d_i) \bmod m \quad (i = 1, 2, \cdots, k(k \leqslant m-1))$$

其中，$H_0 = H(key)$ 为哈希函数，m 为哈希表表长，d_i 为增量序列。增量 d_i 取法不同，则对应不同的地址。这里介绍以下两种。

(1) 线性探测法。线性探测法是指从发生冲突的地址开始，依次探测下一个空闲的地址，直到找到一个空闲单元为止，即 $d_i = 1，2，3，\cdots，m-1$。

例 7.3　已知 9 个记录的关键字 key 为(12，22，25，38，24，47，29，16，36)，试构造哈希表存放这 9 个记录。哈希函数为 H(key)=key mod 12，哈希表的内存空间为 12 个存储单元。采用线性探测法处理冲突过程如下：

H(key) = key mod 12 = 12 mod 12 = 0，不冲突，关键字 12 放入 0 号单元。

H(key) = key mod 12 = 22 mod 12 = 10，不冲突，关键字 22 放入 10 号单元。

H(key) = key mod 12 = 25 mod 12 = 1，不冲突，关键字 25 放入 1 号单元。

H(key) = key mod 12 = 38 mod 12 = 2，不冲突，关键字 38 放入 2 号单元。

H(key) = key mod 12 = 24 mod 12 = 0，冲突，按照处理冲突的方法求下一个哈希地址。

$H_1 = (0+1) \bmod 12 = 1$，1 号单元有记录，冲突。

$H_2 = (0+2) \bmod 12 = 2$，冲突。

$H_3 = (0+3) \bmod 12 = 3$，不冲突，关键字 24 放入 3 号单元。

H(key) = key mod 12 = 47 mod 12 = 11，不冲突，关键字 47 放入 11 号单元，

H(key) = key mod 12 = 29 mod 12 = 5，不冲突，关键字 29 放入 5 号单元，

H(key) = key mod 12 = 16 mod 12 = 4，不冲突，关键字 16 放入 4 号单元，

H(key) = key mod 12 = 36 mod 12 = 0，冲突，按照处理冲突的方法求下一个哈希地址。

$H_1 = (0+1) \bmod 12 = 1$，1 号单元有记录，冲突。

$H_2 = (0+2) \bmod 12 = 2$，冲突。

$H_3 = (0+3) \bmod 12 = 3$，冲突。

$H_4 = (0+4) \bmod 12 = 4$，冲突。

$H_5 = (0+5) \bmod 12 = 5$，冲突。

$H_6 = (0+6) \bmod 12 = 6$，不冲突，关键字 36 放入 6 号单元。

最后建成的哈希表如表 7.2 所示。

表 7.2　采用线性探测法处理冲突的哈希表

0	1	2	3	4	5	6	7	8	9	10	11
12	25	38	24	16	29	36				22	47

线性探测法容易产生堆积问题，这是由于当连续出现 i 个同义词后(设第一个同义词占用的单元为 d，则后面的同义词占用的单元是 d＋1，d＋2，…，d+i−1)，任何到 d＋1，d＋2，…，d＋i−1 单元上的哈希映射都会由于前面同义词的堆积而产生冲突。

(2) 二次探测法。$d_i = 1^2，-1^2，2^2，-2^2，…，k^2，-k^2(k \leqslant m/2)$，则产生堆积的概率会大大减少。

例 7.4　已知 9 个记录的关键字 key 为(12，22，25，38，24，47，29，16，36)，试构造哈希表存放这 9 个记录。哈希函数为 $H(key) = key \bmod 12$，哈希表的内存空间为 12 个存储单元。采用二次探测法处理冲突。

$H_0 = H(key) = key \bmod 12 = 12 \bmod 12 = 0$，不冲突，关键字 12 放入 0 号单元。

$H_0 = H(key) = key \bmod 12 = 22 \bmod 12 = 10$，不冲突，关键字 22 放入 10 号单元。

$H_0 = H(key) = key \bmod 12 = 25 \bmod 12 = 1$，不冲突，关键字 25 放入 1 号单元。

$H_0 = H(key) = key \bmod 12 = 38 \bmod 12 = 2$，不冲突，关键字 38 放入 2 号单元。

$H_0 = H(key) = key \bmod 12 = 24 \bmod 12 = 0$，冲突，按照处理冲突的方法求下一个哈希地址。

$H_1 = (0 + 1^2) \bmod 12 = 1$，1 号单元有记录，冲突。

$H_2 = (0-1^2) \bmod 12 = -1$，超出范围。

$H_3 = (0 + 2^2) \bmod 12 = 4$，不冲突，关键字 24 放入 4 号单元。

$H_0 = H(key) = key \bmod 12 = 47 \bmod 12 = 11$，不冲突，关键字 47 放入 11 号单元。

$H_0 = H(key) = key \bmod 12 = 29 \bmod 12 = 5$，不冲突，关键字 29 放入 5 号单元。

$H_0 = H(key) = key \bmod 12 = 16 \bmod 12 = 4$，冲突，按照处理冲突的方法求下一个哈希地址。

$H_1 = (4+1^2) \bmod 12 = 5$，5 号单元有记录，冲突。

$H_2 = (4-1^2) \bmod 12 = 3$，不冲突，关键字 16 放入 3 号单元。

$H_0 = H(key) = key \bmod 12 = 36 \bmod 12 = 0$，冲突，按照处理冲突的方法求下一个哈希地址。

$H_1 = (0+1^2) \bmod 12 = 1$，1 号单元有记录，冲突。

$H_2 = (0+2^2) \bmod 12 = 4$，冲突。

$H_3 = (0+3^2) \bmod 12 = 9$，不冲突，关键字 36 放入 9 号单元。

最后建成的哈希表如表 7.3 所示。

表 7.3　采用二次探测法处理冲突的哈希表

0	1	2	3	4	5	6	7	8	9	10	11
12	25	38	16	24	29				36	22	47

2. 链表法

将所有关键字为同义词的记录存储在同一个线性链表中。

例 7.5 已知 12 个记录的关键字 key 为(12，22，25，38，24，47，29，16,37，44，55，50)，试构造哈希表存放这 12 个记录，哈希函数 H(key) = key mod 12，用链表法处理冲突。

H(key) = key mod 12 = 12 mod 12 = 0；

H(key) = key mod 12 = 22 mod 12 = 10；

H(key) = key mod 12 = 25 mod 12 = 1；

H(key) = key mod 12 = 38 mod 12 = 2；

H(key) = key mod 12 = 24 mod 12 = 0；

H(key) = key mod 12 = 47 mod 12 = 11；

H(key) = key mod 12 = 37 mod 12 = 1；

H(key) = key mod 12 = 16 mod 12 = 4；

H(key) = key mod 12 = 29 mod 12 = 5；

H(key) = key mod 12 = 44 mod 12 = 8；

H(key) = key mod 12 = 55 mod 12 = 7；

H(key) = key mod 12 = 50 mod 12 = 2。

按链表法处理冲突的方法，建立的哈希表如图 7.3 所示。

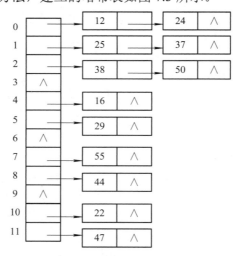

图 7.3　链表法处理冲突

7.3.4　哈希表的查找及其分析

在哈希表上进行查找的过程和构造哈希表的过程基本一致。给一定值，根据造表时给定的哈希函数求得哈希地址，若表中此位置上没有记录，则查找不成功；否则比较关键字，若与给定值相等，则查找成功；否则根据造表时设定的处理冲突的方法找"下一地址"，直至哈希表中某个位置为"空"或者表中所填记录的关键字等于给定值时为止，如图 7.4 所示。

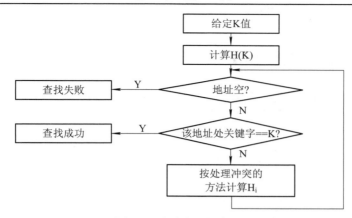

图 7.4 哈希查找的流程图

例 7.6 已知例 7.3 中所示的一组关键字按哈希函数 H(key) = key mod 12 和线性探测法处理冲突构造所得的哈希表如表 7.4 所示。

表 7.4 哈 希 表

0	1	2	3	4	5	6	7	8	9	10	11
12	25	38	24	16	29	36				22	47

给定值 K = 24 的查找过程为：首先求得哈希地址 H(24) = 0，因 0 号单元不空，且不等于 24，则找第一次冲突处理后的地址 H_1 = (0+1) mod 12=1，因 1 号单元不空，且不等于 24，则找第二次冲突处理后的地址 H_2 = (0+2) mod 12 = 2，因 2 号单元不空，且不等于 24，则找第三次冲突处理后的地址 H_3 = (0+3) mod 12 = 3，因 3 号单元不空，且等于 24，查找成功。

给定值 K = 18 的查找过程为：首先求得哈希地址 H(18) = 6，因 6 号单元不空，且不等于 18，则找第一次冲突处理后的地址 H_1 = (6+1) mod 12 = 7，由于 7 号单元为空，因此查找失败。

从哈希表的查找过程可见：

(1) 虽然哈希表在关键字与记录的存储位置之间建立了直接映像，但由于"冲突"的产生，使得哈希表的查找过程仍然是一个给定值与关键字进行比较的过程。因此，仍需以平均查找长度作为衡量哈希表查找效率的量度。

(2) 查找过程中与给定值进行比较的关键字的个数主要取决于哈希函数处理冲突的方法。

对同样一组关键字，设定相同的哈希函数，不同的处理冲突的方法得到的哈希表不同，它们的平均查找长度也不同。如例 7.3 和例 7.4 的哈希表，在记录的查找概率相等的前提下，平均查找长度分别为

$$ASL = (1 \times 7 + 4 \times 1 + 7 \times 1)/9 = 18/9 (例 7.3)$$
$$ASL = (1 \times 6 + 3 \times 1 + 3 \times 1 + 4 \times 1) = 16/9 (例 7.4)$$

小 结

查找是每一种数据结构，包括线性结构都要用到的最基本的操作或算法，查找的知识

点如图 7.5 所示。

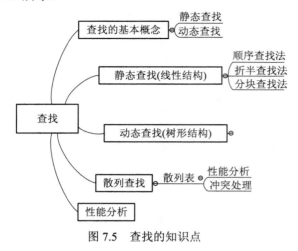

图 7.5　查找的知识点

思政学习与探究

习　　题

一、选择题

1. 查找表可分为(　　　)和(　　　)两类。

A. 动态查找表　　　　　B. 顺序查找表　　　　　C. 静态查找表　　　　　D. 起泡查找表

2. 索引顺序表是顺序查找的一种改进方法，在建立(　　　)的同时，建立一个(　　　)。

A. 链表　　　　　　　　B. 单链表　　　　　　　C. 顺序表　　　　　　　D. 索引

3. 在关键字序列(8，12，20，25，33)中，采用二分法查找 25，关键字之间需要比较(　　　)次。

A. 2　　　　　　　　　　B. 1　　　　　　　　　　C. 3　　　　　　　　　　D. 4

4. 采用顺序查找法查找表(13，27，38，49，50，65，76，97)，在等概率情况下查找成功的平均查找长度是(　　　)。

A. 4.5　　　　　　　　　B. 9　　　　　　　　　　C. 4　　　　　　　　　　D. 8

二、简答题

1. 试解释以下概念。

　　静态查找　　静态查找表　　平均查找长度

2. 记录按关键字排列的有序表(6, 13, 20, 25, 34, 56, 64, 78, 92)，采用折半查找，并给出查找关键字为 13 和 55 的记录过程。

3. 已知一个长度为 12 的关键字序列为(37, 7, 32, 29, 20, 28，22，15, 17, 23, 1, 9)，要求构造两个哈希表。

(1) 采用哈希函数 $H(Key) = key\%12$，用线性探测法处理冲突，求平均概率下的 ASL 值。

(2) 采用哈希函数 $H(Key) = key\%12$，用链表法处理冲突，求平均概率下的 ASL 值。

4. 在哈希表中，发生冲突的可能性与哪些因素有关？为什么？

三、编程题

编写一个算法，利用折半查找算法在一个有序表中插入一个记录(关键字为 x)，并保持表的有序性。

实　验

1．实验目的

熟练掌握静态查找表的顺序存储结构和顺序查找算法。

2．实验任务

设计一个学生信息查询管理系统。学生信息包含学号、姓名、英语成绩、数学成绩，要求实现按学号查询功能。

3．输入格式

输入六位数的学号。

4．输出格式

输出学生的学号、姓名、英语成绩和数学成绩。

输入示例	输出示例
179325	179325，李四，90，86

(1) 元素的 C 语言描述。

```
#include"stdio.h"
#include"malloc.h"
#define N 5                    //数据元素个数
typedef  int   KeyType;        //关键字为 int 型
#define number key             //学号作为关键字
typedef struct                 //数据元素类型
{   int number;                //学号
    char name[9];              //姓名
    int english;               //英语
    int math;                  //数学
} ElemType;
```

(2) 静态顺序存储查找表的 C 语言描述。

```
typedef struct
{
    ElemType *elem;            //数据元素存储空间基址，建表时按实际长度分配，0 号单元留空
    int length;               //表长
}SSTable;
ElemType StuTab[N]={{179324,"张三",100,89},
                {179325,"李四",90,86},
```

```
                              {179326,"王刚",92,100},
                              {179327,"张平",92,99},
                              {179328,"赵方",88,95}};        //学生信息记录表
```

(3) 顺序查找算法的实现。

```
    int Search_Seq(SSTable ST, KeyType key)
    { // 在顺序表 ST 中顺序查找其关键字等于 key 的数据元素
        int i;
        ST.elem[0].key=key; //哨兵
        for(i=ST.length;ST.elem[i].key!=key;--i);
        return i; // 找不到时，i 为 0
    }
```

(4) 在主程序中检验由学号查找学生信息的顺序查找算法是否正确。

```
    int main()
    {
        SSTable st;
        int i,num;
        st.elem= StuTab; //由全局数组产生静态查找表 st
        st.length=N;
        printf("请输入待查找人的学号: ");
        scanf("%d",&num);
            printf("学号  姓名    语文   数学 \n");
        i=Search_Seq(st,num);          //顺序查找
        if(i)                          //输出学生信息
            printf("%d%s%d %d\n",st.elem[i].number, st.elem[i].name, st.elem[i].english, st.elem[i].math);
        else
            printf("没找到\n");
            return 0;
    }
```

第 8 章 排 序

 学习目标

1. 深刻理解排序的定义和各种排序方法的特点。
2. 理解排序方法"稳定"或"不稳定"的含义。
3. 掌握内部排序算法的算法描述及性能分析。

在日常生活和工作中，我们拿到一堆杂乱无章的"任意生长"的数据时，不知如何从数据中提取有用信息，当我们掌握了排序的算法，就可以轻松从这堆数据中获取有用信息，探求数据中所蕴含的规律，透过纷繁复杂的表象，感知万物"有序之美"。本章将学习排序方法。

8.1 基 本 概 念

1. 排序的定义

排序(Sorting)是计算机内经常进行的一种操作,其目的是将一组"无序"的记录序列调整为"有序"的记录序列。

一般情况下，假设含 n 个记录的序列为

$$\{R_1, R_2, \cdots, R_n\}$$

其相应的关键字序列为

$$\{K_1, K_2, \cdots, K_n\}$$

这些关键字相互之间可以进行比较，即在它们之间存在着这样一个关于某一种排列 P_1, P_2, $\cdots$, P_n 的非递减关系

$$K_{p_1} \leqslant K_{p_2} \leqslant \cdots \leqslant K_{p_n}$$

按此固有关系将上式记录序列重新排列为 $\{R_{p_1}, R_{p_2}, \cdots, R_{p_n}\}$ 的操作称为排序。

2. 排序算法的特性

(1) 排序算法的稳定性。如果在待排序的序列中，存在多个具有相同关键字的记录，若经过排序，这些记录的相对次序保持不变，则称这种排序算法是稳定的。

(2) 排序算法的不稳定性。经过排序，多个具有相同关键字的记录的相对次序发生了改变，则称这种排序算法是不稳定的。

例如，将下列关键字序列 52, 49, 80, 36, 14, 58, 61, *49*, 23, 97, 75, 通过一定的排序算法

调整为 14, 23, 36, <u>49</u>, 49, 52, 58, 61 ,75, 80, 97，序列中记录的相对次序不能保持一致，则所使用的排序算法称为不稳定的排序算法。

3. 排序的分类

排序分为两类：内部排序和外部排序。

1) 内部排序

(1) 概念：内部排序是指待排序列完全存放在内存中所进行的排序过程，适合数量不太大的元素序列。内部排序的过程是一个逐步扩大记录的有序序列长度的过程。在排序的过程中，参与排序的记录序列中存在两个区域：有序区和无序区，如图 8.1 所示。

有序区	无序区

图 8.1　内部排序过程中存在的两个区域

(2) 逐步扩大记录有序区的方法。逐步扩大记录有序区的方法大致有下列几类：

① 插入类：将无序子序列中的一个或几个记录"插入"到有序序列中，从而增加记录的有序子序列的长度。如直接插入排序、折半插入排序和希尔排序。

② 交换类：通过"交换"无序序列中的记录从而得到其中关键字最小或最大的记录，并将它加入到有序子序列中，以此方法增加记录的有序子序列的长度。如起泡排序和快速排序。

③ 选择类：从记录的无序子序列中"选择"关键字最小或最大的记录，并将它加入到有序子序列中，以此方法增加记录的有序子序列的长度。如简单选择排序、树型选择排序和堆排序。

④ 归并类：通过"归并"两个或两个以上记录的有序子序列，逐步增加记录有序序列的长度。如归并排序。

⑤ 其他方法：如基数排序。

2) 外部排序

外部排序是指排序过程中待排序记录的数量很大，以至于一次不能完全放入内存，在排序过程中尚需对外存进行访问的排序过程。

在本章的讨论中，设待排序的一组记录放在地址连续的一组存储单元上，类似于线性表的顺序存储结构，在序列中相邻的两个记录的存储位置也相邻。这种存储方式中，记录之间的关系由其存储位置决定，实现排序需借助记录的移动。为了便于读者理解，记录序列中只列出关键字部分，设待排序记录的关键字均为整数，则在以后讨论的大部分算法中，待排记录的数据类型如下：

```
#define MAXSIZE 80
typedef struct{
    int    key;                    //关键字项
    InfoType    otherinfo;         //其他数据项
}RcdType;                          //记录类型
typedef struct{
    RedType    elem[MAXSIZE+1];    //elem[0]闲置或用作哨兵单元
    int    length;                 //顺序表长度
}SqList;                           //顺序表类型
```

本章出现的记录序列的数据类型约定为

SqList L;

8.2 插 入 排 序

8.2.1 直接插入排序

1. 直接插入排序的概念

直接插入排序(基于顺序查找)是一种最简单的排序方法，它的基本操作是将一个记录插入到已排好序的有序表中，从而得到一个新的、记录数增 1 的有序表。

2. 插入排序的基本思想

仅有一个记录的表总是有序的，因此，对于含有 n 个记录的表，可从第二个记录开始直到第 n 个记录，逐个向有序表进行插入操作，从而得到 n 个记录按关键字有序的表。在逐个向有序表中进行插入操作的过程中，可以把 n 个记录的序列划分为已排序部分和未排序部分，如图 8.2 所示。将记录 L.elem[i]插入到有序子序列 L.elem [1..i-1]中，使记录的有序序列从 L.elem [1..i-1]变为 L.elem [1..i]。

显然，完成"一趟插入排序"需分三步进行：

① 在 L.elem[1..i-1]中查找 L.elem [i]的插入位置 j+1；

② 将 L.elem [j+1..i-1]中的记录后移一个位置；

③ 将 L.elem [i]插入(即复制)到 L.elem [j+1]位置上。

有序序列L.elem[1..j]	L.elem[i]	有序序列L.elem[j+1..i-1]

图 8.2 直接插入排序过程中序列的状态

例 8.1 待排序记录序列为(18，12，10，12，30，16)，简单插入排序每一趟执行后的序列状态如下：

初始状态	[18]	12	10	12	30	16
第 1 趟(i=2) (12)	[12	18]	10	12	30	16
第 2 趟(i=3) (10)	[10	12	18]	12	30	16
第 3 趟(i=4) (12)	[10	12	12	18]	30	16
第 4 趟(i=5) (30)	[10	12	12	18	30]	16
第 5 趟(i=6) (16)	[10	12	12	16	18	30]

↑
监视哨 L.elem[0].key

3. 直接插入排序算法

1) 算法要点

(1) 在第 i 趟直接插入排序中，监视哨设置在 L.elem[0]，即

L.elem[0] = L.elem[i];

直接插入排序算法

(2) 从 L.elem[i−1]起向前顺序查找待插入记录的位置，并把该位置之后的所有记录后移一个单位，即

$$for(j=i-1;\ L.elem[0].key<L.elem[j].key;\ --j)$$
$$L.elem[j+1] = L.elem[j];$$

(3) 将待插入元素插入到该位置，即

$$L.elem[j+1] = L.elem[0];$$

2) 直接插入排序算法

算法 8.1

```
void InsertSort(SqList &L)
{
    // 对顺序表 L 作直接插入排序
    int i, j;
    for (i=2; i<=L.length; ++i)
      if (L.elem.[i].key< L.elem[i-1].key)          // 将 L.elem[i]插入有序子表中
    {
        L.elem[0] = L.elem[i];                        // 复制为监视哨
         for(j=i-1; L.elem[0].key<L.elem[j].key; --j)
         L.elem[j+1] = L.elem[j];                     // 记录后移
        L.elem[j+1] = L.elem[0];                      // 插入到正确位置
    }
}
```

4. 算法效率分析

在有序表中逐个插入记录的操作进行了 n−1 趟，每趟基本操作有两个操作，分别为比较关键字和移动记录，而比较的次数和移动记录的次数取决于待排序列按关键字的初始排列的情况。

(1) 最好情况下：即待排序列中记录已按关键字非递减有序排列(即"正序")。

总比较次数=n−1 次，总移动次数=0 次

(2) 最坏情况下：若待排序列中记录按关键字非递增有序排列(即"逆序")时，如果进行第 j 趟操作，插入记录需要同前面的 j 个记录进行 j 次关键字比较，移动记录的次数为 j+1 次。

$$总比较次数 = \sum_{j=2}^{n-1} j \approx \frac{n^2}{2}$$

$$总移动次数 = \sum_{j=2}^{n-1} (j+1) \approx \frac{n^2}{2}$$

(3) 平均情况下：若待排序记录是随机的，则待排序列中的记录可能出现的各种排列的概率相同，我们可以取上述最小值和最大值的平均值作为直接插入记录时关键字间进行比较的次数和移动记录的次数。如果进行第 j 趟操作，插入记录大约同前面 j/2 个记录进行

关键字比较的插入记录，移动记录的次数为 $\frac{j}{2}+1$ 次。

$$总比较次数 \approx \frac{1}{4}n^2$$

$$总移动次数 \approx \frac{1}{4}n^2$$

由此，直接插入排序的时间复杂度为 O(n^2)，是一个稳定的排序方法。

8.2.2 折半插入排序

1. 折半插入排序的概念

直接插入排序的基本操作是向有序表中插入一个记录，插入的位置通过对有序表中记录的关键字逐个比较得到。在有序表中确定插入位置，还可以通过二分有序表的方法来确定插入位置，由此进行的插入排序称为折半插入排序(Binary Insertion Sort)。

2. 折半插入排序算法

算法 8.2

```
void BInsertSort(SqList &L)
{   // 对顺序表 L 作折半插入排序
    int i, j, m, low, high;
    for (i=2; i<=L.length; ++i)
    {
        L.elem[0] = L.elem[i];              // 将 L.elem[i]暂存到 L.elem[0]
        low = 1; high = i-1;
        while (low<=high) {                 // 在 L.elem[low..high]中折半查找有序插入的位置
            m = (low+high)/2;                              // 折半
            if (L.elem[0].key<L.elem[m].key)   high = m-1;  // 插入点在低半区
            else    low = m+1;                             // 插入点在高半区
        }
        for (j=i-1; j>=high+1; --j) L.elem[j+1] = L.elem[j];  // 记录后移
        L.elem[high+1] = L.elem[0];                         // 插入
    }
}
```

确定插入位置所进行的折半查找，其关键字的比较次数至多为 lb(n+1)次，移动记录的次数和直接插入排序的次数相同，故时间复杂度仍为 O(n^2)，是一个稳定的排序方法。

8.2.3 希尔排序

希尔排序算法

1. 希尔排序的概念

希尔排序又称缩小增量排序，是 1959 年由 D. L. Shell 提出来的，较前述几种插入排序方法有较大的改进。

2. 希尔排序基本思想

对待排记录序列先作"宏观"调整，再作"微观"调整。所谓"宏观"调整又称"跳跃式"的插入排序，即先将整个待排记录序列分割成若干子序列分别进行直接插入排序，待整个序列中的记录"基本有序"时，再对全体记录进行一次直接插入排序。

3. 希尔排序具体方法

(1) 选择一个步长序列 t_1，t_2，…，t_i，…，t_j，t_k，其中，$t_i > t_j$，$t_k = 1$；

(2) 按步长序列个数 k，对序列进行 k 趟排序；

(3) 每趟排序，根据对应的步长 t_i，将待排序列分割成 t_i 子序列，分别对各子序列进行直接插入排序。仅当步长因子为 1 时，整个序列作为一个表来处理，表长度即为整个序列的长度。

例如，将 n 个记录分成 d 个子序列，有

$$\{ R[1]，R[1+d]，R[1+2d]，…，R[1+kd] \}$$
$$\{ R[2]，R[2+d]，R[2+2d]，…，R[2+kd] \}$$
$$…$$
$$\{ R[d]，R[2d]，R[3d]，…，R[kd]，R[(k+1)d] \}$$

其中，步长 d 又称为步长因子，它的值在排序过程中从大到小逐渐缩小，直至最后一趟排序减为 1。

例 8.2 待排序列为{39，80，76，41，13，29，50，78，30，11，100，7，41，86}。步长因子分别取 5、3、1，则排序过程如图 8.3 所示。

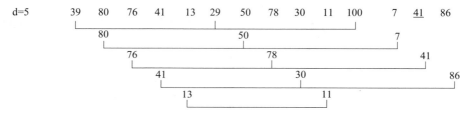

子序列分别为{39，29，100}，{80，50，7}，{76，78，41}，{41，30，86}，{13，11}。

将子序列排序，即在待排序列中将子序列中的数据按由小到大进行插入排序。

第一趟排序结果：

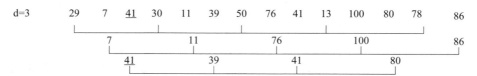

子序列分别为{29，30，50，13，78}，{7，11，76，100，86}，{41，39，41，80}。

第二趟排序结果：

d=1　　　13　7　39　29　11　41　30　76　41　50　86　80　78　100

此时，序列基本"有序"，对其进行直接插入排序，得到最终结果：

　　　　　7　11　13　29　30　39　41　41　50　76　78　80　86　100

图 8.3　希尔排序过程

4. 希尔排序算法

1）希尔排序算法

算法 8.3

```
void ShellInsert(SqList &L, int dk) {
    // 对顺序表 L 作一趟希尔插入排序，前后记录位置的增量是 dk
    int i, j;
    for (i=dk+1; i<=L.length; ++i)
        if (L.elem[i].key<L.elem[i-dk].key)
        {                              // 需将 L.elem[i]插入有序增量子表
            L.elem[0] = L.elem[i];                  // 暂存在 L.elem[0]
            for (j=i-dk; j>0 && (L.elem[0].key< L.elem[j].key); j-=dk)
                L.elem[j+dk] = L.elem[j];           // 记录后移，查找插入位置
            L.elem[j+dk] = L.elem[0];               // 插入
        }
}
```

2）希尔插入排序

算法 8.4

```
void ShellSort(SqList &L, int dlta[], int t)    // 按增量序列 dlta[0..t-1]对顺序表 L 作希尔排序
{   int a=t;
    for(int i=0;i<t;++i) {dlta[i]=a; --a;}       // 对 dlta[i]进行赋值
    for (int k=0; k<t; ++k)
        ShellInsert(L, dlta[k]);                  // 一趟增量为 dlta[k]的插入排序
}
```

5. 希尔排序的时效分析

从上述排序过程可见，希尔排序的时效分析很难，希尔排序中子序列的构成不是简单的"逐段分割"，而是将相隔某个"增量"的记录组成一个子序列。关键字较小的记录不是一步一步地往前挪动，而是跳跃式地往前移，从而使得在进行最后一趟直接插入排序时，序列已基本有序，只要对记录中的关键字进行少量比较和移动即可完成排序。关键字的比较次数与记录移动次数依赖于步长因子序列的选取，特定情况下可以准确估算出关键字的比较次数和记录的移动次数。目前还没有人给出选取最好的步长因子序列的方法。步长因子序列可以有各种取法，有取奇数的，也有取质数的，但需要注意：步长因子中除 1 外没有公因子，且最后一个步长因子必须为 1。因而希尔排序的时效比直接插入排序低，它的时间是所取"增量"序列的函数，是一个不稳定的排序方法。

8.3 交 换 排 序

交换排序是指通过两两比较待排记录的关键字，当比较结果与排序要求相逆时，则交换之。

8.3.1　冒泡排序

1．待排序列的冒泡排序过程

设 1≤j≤n，L.elem[1]，L.elem[2]，…，L.elem[j]为待排序列，通过两两比较、交换，重新安排存放顺序，使得 L.elem[j]是序列中关键字最大的记录。

一趟冒泡排序方法为：

从 L.elem[1]开始，两两比较 L.elem[i]和 L.elem[i+1](i=1，2，…，n−1)的关键字的大小，若 L.elem[i].key > L.elem[i+1].key，则交换 L.elem[i]和 L.elem[i+1]的值。第一趟全部比较完毕后 L.elem[n]是序列中最大的记录。

一般地，第 i 趟冒泡排序是从无序序列区 L.elem[1]到 L.elem[n−i+1]依次比较相邻两个记录的关键字，并在"逆序"时交换相邻记录，其结果是这 n−i+1 个记录中关键字最大的记录被交换到第 n−i+1 的位置上。整个排序过程需进行 k(1≤k≤n)趟冒泡排序，显然，判断冒泡排序结束的条件应是"在一趟排序过程中没有进行过交换记录的操作"。

例 8.3　冒泡排序示例。

设待排记录序列的关键字为(65, 97, 76, 13, 27, 49, 58)，冒泡排序每一趟执行后的序列状态如下：

```
初始状态        [65 97 76 13 27 49 58]
第 1 趟         [65 76 13 27 49 58] 97
第 2 趟         [65 13 27 49 58] 76 97
第 3 趟         [13 27 49 58] 65 76 97
第 4 趟         [13 27 49] 58 65 76 97
第 5 趟         [13 27] 49 58 65 76 97
第 6 趟         [13] 27 49 58 65 76 97
```

冒泡排序实现如算法 8.5 所示。

算法 8.5

```
void BubbleSort(SqList &L)
{   //将顺序表 L 中的记录序列，采用冒泡法按关键字从小到大排序
    Status change;                 //交换标志变量
    for (int i=L.length-1,change=TRUE;i>1&&change;--i)
    {
        change=FALSE;
        for int(j=0;j<i;++j)
            if(L.elem[j].key>L.elem[j+1].key)
            {   RedType t;
                t=L.elem[j];
                L.elem[j]= L.elem[j+1];
                L.elem[j+1]=t;
                change=TRUE;               // change= TRUE 表示某趟冒泡中交换过记录
```

```
        }
      }
    }
```

2. 冒泡排序的效率分析

(1) 时间效率：总共要进行 n−1 趟冒泡排序。

$$总比较次数 = \sum_{j=2}^{n}(j-1) = \frac{1}{2}n(n-1)$$

(2) 移动次数。

最好情况下：待排序列已有序，即"正序"，不需移动。

最坏情况下：待排序列为"逆序"序列。两个数据交换需要 3 次移动，式中系数为 3。

$$移动次数 = \sum_{j=2}^{n}3(j-1) = \frac{3}{2}n(n-1)$$

8.3.2 快速排序

1. 快速排序的概念

快速排序是指通过在待排序列中比较关键字、交换记录，找出一个记录，以它的关键字作为"枢轴"，凡关键字小于枢轴的记录均移动至该记录之前，反之，凡关键字大于枢轴的记录均移动至该记录之后。将待排序列按"枢轴"关键字分为两部分的过程称为一次划分，即一趟快速排序。对各部分不断划分，直到整个序列按关键字有序排序。

2. 一趟快速排序

1) 一趟快速排序的具体做法

设 $1 \leq p < q \leq n$，L.elem[p]，L.elem[p+1]，…，L.elem[q] 为待排序列，设立两个值：low 和 high，它们的初值分别为 p 和 q，即 low=p，high=q。任意选取一个记录(通常可选第一个记录 L.elem[p])作为枢轴(或支点)，设枢轴记录的关键字为 pivotkey，则首先从 high 所指位置起向前搜索，找到第一个关键字小于 pivotkey 的记录和枢轴记录互相交换，然后从 low 所指位置起向后搜索，找到第一个关键字大于 pivotkey 的记录和枢轴记录互相交换，重复这两步直至 high=low 为止。经过一趟排序后，将记录的无序序列 L.elem[p..q] 分割成两部分：L.elem[p..i-1] 和 L.elem[i+1..q]，且 L.elem[j].key<= L.elem[i].key<= L.elem[k].key，其中 p<=j<=i-1,i+1<=k<=q。

2) 一趟快速排序算法

算法 8.6

```
int Partition(SqList &L, int low, int high) {
    // 交换顺序表 L 中子序列 L.elem[low..high]的记录，使枢轴记录子序列到位
    // 并返回其所在位置
    int pivotkey = L.elem[low].key;        // 用子表第一个记录的关键字作枢轴记录的关键字
    while (low<high) {                      // 从表的两端交替地向中间扫描
```

```
        while (low<high && L.elem[high].key>=pivotkey) --high;
        RedType temp=L.elem[low];
        L.elem[low]=L.elem[high];
        L.elem[high]=temp;              // 将比枢轴记录的关键字小的记录的关键字交换到低端
        while (low<high && L.elem[low].key<=pivotkey) ++low;
        temp=L.elem[low];
        L.elem[low]=L.elem[high];
        L.elem[high]=temp;              // 将比枢轴记录的关键字大的记录的关键字交换到高端
    }
    return low;                         // 返回枢轴所在位置
}
```

例 8.4　一趟快速排序过程示例。

待排记录中的关键字在存储单元中的排列如下所示，对此序列进行一趟快速排序。

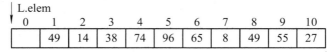

设置两个搜索指针 low=1，high=10；将序列中第一个元素作为 pivotkey "枢轴"，pivotkey=49。

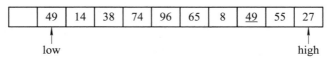

从当前 high 起向左搜索小于 pivotkey 的记录的关键字，并把 low 和 high 所指向的记录交换，得到如下结果：

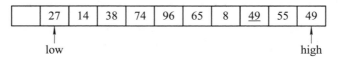

从当前 low 向右搜索大于 pivotkey 的记录的关键字，并把 low 和 high 所指向的记录交换，得到如下结果：

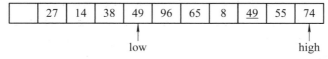

从当前 high 向左搜索小于 pivotkey 的记录的关键字，并把 low 和 high 所指向的记录交换，得到如下结果：

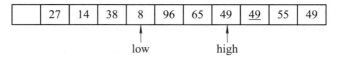

从当前 low 向右搜索大于 pivotkey 的记录的关键字，并把 low 和 high 所指向的记录交换，得到如下结果：

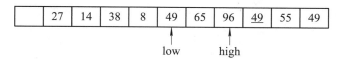

从当前 high 向左搜索小于 pivotkey 的记录的关键字，low 和 high 指针同时指向 49：

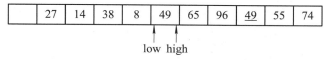

当 low=high 时，划分结束，填入"枢轴"，得到如下结果：

	27	14	38	8	49	65	96	49	55	74

3. 快速排序算法

算法 8.7

```
void QSort(SqList &L, int low, int high) {
    // 对顺序表 L 中的子序列 L.elem[low..high]进行快速排序
    int pivotloc;
    if (low < high) {
        pivotloc = Partition(L, low, high);   // 将 L.elem[low..high]一分为二
        QSort(L, low, pivotloc-1);             // 对低子表递归排序，pivotloc 是枢轴位置
        QSort(L, pivotloc+1, high);            // 对高子表递归排序
    }
}
```

快速排序算法

4. 快速排序效率分析

时间效率：在 n 个记录的待排序列中，一次划分需要约 n 次关键字比较，时间复杂度为 O(n)。

理想情况下：每次划分正好分成两个等长的子序列，则时间复杂度为 O(n lb n)。

最坏情况下：即每次划分只得到一个子序列，时间复杂度为 O(n²)。快速排序通常被认为是在同数量级(O(n lb n))的排序方法中平均性能最好的。但若初始序列按关键字有序或基本有序排序时，快速排序将退化为冒泡排序。

8.4　选　择　排　序

选择排序主要是从每一趟待排序列中选取一个关键字最小的记录，也即第 1 趟从 n 个记录中选取关键字最小的记录，第 2 趟从剩下的 n−1 个记录中选取关键字最小的记录，直到整个序列的记录选完。这样，由选取记录的顺序便得到按关键字排序的序列。

8.4.1　简单选择排序

1. 一趟简单选择排序的操作

在选择排序中，第 i(1≤i≤n)趟选择排序是在无序序列 L.elem[i..n]中，通过 n−i 次关键

字间的比较，选出关键字最小的记录，并和第 i(1≤i≤n)个记录交换。

例 8.5 待排序记录序列的关键字序列为(2，7，2，4，3，1)，简单选择排序每一趟执行后的序列状态为

```
初始状态        [2   7   2   4   3   1]
第 1 趟(i=1)     1   [7   2   4   3   2]
第 2 趟(i=2)     1   2   [7   4   3   2]
第 3 趟(i=3)     1   2   2   [4   3   7]
第 4 趟(i=4)     1   2   2   3   [4   7]
第 5 趟(i=5)     1   2   2   3   4   [7]
```

2. 简单选择排序算法

算法 8.8

```
void SelectSort(SqList &L) {
// 对顺序表 L 作简单选择排序
    for (int i=1; i<L.length; ++i) {        // 选择第 i 个记录，并交换位置
        int j = SelectMinKey(L, i);         // 在 L.elem[i..L.length]中选择 key 最小的记录
        if (i!=j) {                         // L.elem[i]←→L.elem[j]；与第 i 个记录交换
            RedType temp;
            temp=L.elem[i];
            L.elem[i]=L.elem[j];
            L.elem[j]=temp;
        }
    }
}
int SelectMinKey(SqList L,int i) {
// 返回 L.r[i..L.length]中 key 最小的记录的序号
    KcyType min;
    int j,k;
    k=i;                                    // 设第 i 个为最小
    min=L.r[i].key;
    for(j=i+1;j<=L.length;j++)
        if(L.r[j].key<min)                  // 找到更小的
        {
            k=j;
            min=L.r[j].key;
        }
    return k;
}
```

从程序中可看出，简单选择排序移动记录的次数较少，但关键字的比较次数依然是

$\dfrac{1}{2}$n(n+1)，所以时间复杂度仍为 O(n²)。

8.4.2　树型选择排序

1．树型选择排序的概念

树型选择排序又称锦标赛排序，是一种按照锦标赛的思想进行选择排序的方法。

2．树型选择排序的基本思想

树型选择排序的基本思想是：首先对 n 个记录的关键字进行两两比较找出较大的数，然后在其中$\lceil n/2 \rceil$个较大者之间再进行两两比较找出较大的数，如此重复，直至选出最大关键字的记录为止。这个过程可用一棵有 n 个叶子结点的完全二叉树表示。

例 8.6　16 个选手的比赛(n=2⁴)。

如图 8.4 所示，从叶子结点开始，兄弟间两两比赛，胜者上升到父结点；胜者兄弟间再两两比赛，直到根结点，产生第一名 91。比较次数为 $2^3 + 2^2 + 2^1 + 2^0 = 2^4 - 1 = n-1$(n 是待排序记录的个数)。

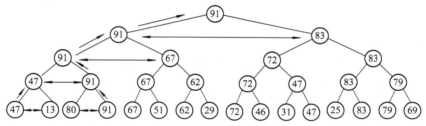

图 8.4　树型选择排序选出最大值 91

如图 8.5 所示，将第一名对应的叶子结点置为最差的(min)，将其与其兄弟比赛，胜者上升到父结点，胜者兄弟间再比赛，直到根结点，产生第二名 83。比较次数为 4，其后各结点的名次均是这样产生的，所以，对于 n 个参赛选手来说，即对 n 个记录进行树型选择排序，这种排序方法具有辅助存储空间较多，以及和"最大值"进行多余的比较等缺点。为了弥补这一缺点，可采用另一种形式的选择排序——堆排序。

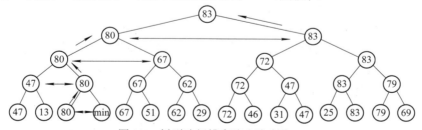

图 8.5　树型选择排序选出次大值 83

8.4.3　堆排序

1．堆的概念

设有 n 个元素的序列 r_1, r_2, …, r_n，当且仅当满足下述关系之一时，称为堆。

$$\begin{cases} r_i \leqslant r_{2i} \\ r_i \leqslant r_{2i+1} \end{cases} \quad 或 \quad \begin{cases} r_i \geqslant r_{2i} \\ r_i \geqslant r_{2i+1} \end{cases} \quad (i=1,\ 2,\ \cdots,\ \left\lfloor \dfrac{n}{2} \right\rfloor)$$

若用一维数组存储一个堆，则堆可以对应一棵完全二叉树，其左、右子树分别是堆，且所有非叶子结点的值均不大于(或不小于)其子女的值，根结点的值是最小(或最大)的。

由此，若上述数列是堆，则 r_i 必是数列中的最小值或最大值,分别称作小顶堆(如图 8.6(b)所示)或大顶堆(如图 8.6(a)所示)。

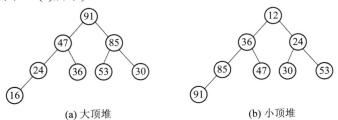

(a) 大顶堆　　　　　　　　　　　　　　　(b) 小顶堆

图 8.6　两个堆示例

定义堆类型如下:

```
typedef SqList HeapType;        //SqList 类型定义见 8.1 节
```

2. 堆排序

堆排序即是利用堆的特性对记录序列进行排序的一种排序方法。

设有 n 个元素，将其按关键字排序。首先将这 n 个元素按关键字建成一个小(或大)顶堆，将堆顶元素输出，得到 n 个元素中关键字最小(或最大)的元素。然后，再对剩下的 n−1 个元素重新建成一个小(或大)顶堆，再输出堆顶元素，得到 n 个元素中关键字次小(或次大)的元素。如此反复，便可得到一个按关键字有序排列的序列。这个过程称为堆排序。

实现堆排序需解决以下两个问题:

(1) 如何将 n 个元素的序列按关键字建成堆;

(2) 输出堆顶元素后，怎样调整剩余的 n−1 个元素，使其按关键字成为一个新堆。

堆排序的操作步骤如下:

(1) 讨论输出堆顶元素后，对剩余元素重新建堆的调整过程。

调整方法：设有 m 个元素的堆，输出堆顶元素后，剩下 m−1 个元素。将堆底元素送入堆顶，堆被破坏，其原因仅是根结点不满足堆的性质。将根结点与左、右孩子中较小(小顶堆)或较大(大顶堆)的值进行交换。若与其左孩子交换，则左子树堆被破坏，且仅左子树的根结点不满足堆的性质；若与其右孩子交换，则右子树堆被破坏，且仅右子树的根结点不满足堆的性质。继续对不满足堆性质的子树进行上述交换操作，直到叶子结点，堆即被重新建成。这个自根结点到叶子结点的调整过程称为"筛选"，见算法 8.9。

例 8.7　在小顶堆中，输出堆顶元素后，自堆顶到叶子重新建成小顶堆的调整过程如图 8.7 所示。

(2) 讨论对 n 个元素初始建堆的过程。

建堆方法：对初始无序序列建堆的过程就是一个反复"筛选"的过程。若将此序列看成是一个具有 n 个结点的完全二叉树，则最后一个非终端结点是第 $\left\lfloor \dfrac{n}{2} \right\rfloor$ 个结点的孩子。对第

$\left\lfloor \dfrac{n}{2}\right\rfloor$ 个结点为根的子树筛选，使该子树成为堆，之后向前依次对各结点为根的子树进行筛选，使之成为堆，直到根结点。

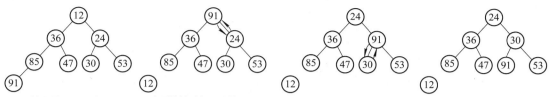

(a) 输出堆顶12，将堆底 91送入堆顶　(b) 小顶堆被破坏，比较26和24的大小，根结点91与其右孩子中小的数值24进行交换　(c) 右子树不满足小顶堆，比较30和53的大小，右子树根结点91与其左右孩子中小的数值30交换　(d) 堆已重新调整成小顶堆

图 8.7　小顶堆中输出堆顶元素并调整建新堆的过程

例 8.8　图 8.8(a)中的二叉树表示一个含有 8 个元素的无序序列{53，36，30，91，47，12，24，85}，将该序列建成一个小顶堆，如图 8.8 所示。

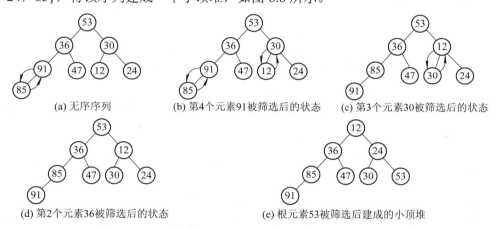

(a) 无序序列　(b) 第4个元素91被筛选后的状态　(c) 第3个元素30被筛选后的状态

(d) 第2个元素36被筛选后的状态　(e) 根元素53被筛选后建成的小顶堆

图 8.8　建初始堆过程示例

算法 8.9

```
void HeapAdjust(SqList &L, int s, int m) {
    // 已知 L.elem[s..m]中记录的关键字除 L.elem[s].key 之外均满足堆的定义
    // 本函数调整 L.elem[s]的关键字，使 L.elem[s..m]成为一个大顶堆
    int j;
    RcdType rc;
    rc = L.elem[s];                 // 暂存 L.elem[s]
    for (j=2*s; j<=m; j*=2) {       // 沿 key 较大的孩子结点向下筛选
        if (j<m && L.elem[j].key<L.elem[j+1].key) ++j;  // j 为 key 较大的记录的下标
        if (rc.key >= L.elem[j].key) break;             // rc 应插入在位置 s 上
        L.elem[s] = L.elem[j];    s = j;
    }
    L.elem[s] = rc;                 // 将调整前的堆顶记录插入到 s 位置
}
```

```
void HeapSort(SqList &L) {
    // 对顺序表 L 进行堆排序
    int i;
    RedType temp;
    for (i=H.length/2; i>0; --i)          // 把 L.elem[1..H.length]建成大顶堆
        HeapAdjust ( L, i, L.length );
        for (i=L.length; i>1; --i) {
            temp=L.elem[i];
            L.elem[i]=L.elem[1];
            L.elem[1]=temp;               // 将堆顶记录与当前未经排序子序列 L.elem[1..i]中的
                                          // 最后一个记录相互交换
            HeapAdjust(L, 1, i-1);        // 将 L.elem[1..i-1] 重新调整为大顶堆
        }
}
```

设树高为 k，k = $\lfloor$lbn$\rfloor$ + 1。从根到叶的筛选，关键字比较次数至多为 2(k–1)次，交换记录至多为 k 次。所以，在建好堆后，排序过程中的筛选次数不超过下式：

$$2(\lfloor lb(n–1)\rfloor + \lfloor lb(n–2)\rfloor + \cdots + \lfloor lb2\rfloor) < 2nlbn$$

而建堆时的比较次数不超过 4n 次，因此在堆排序最坏情况下，时间复杂度也为 O(nlbn)。

8.5　2-路归并排序

归并排序是指将两个或两个以上的有序子序列"归并"为一个有序序列。在内部排序中，通常采用的是 2-路归并排序，即将两个位置相邻的有序子序列归并为一个有序序列，如图 8.9 所示。

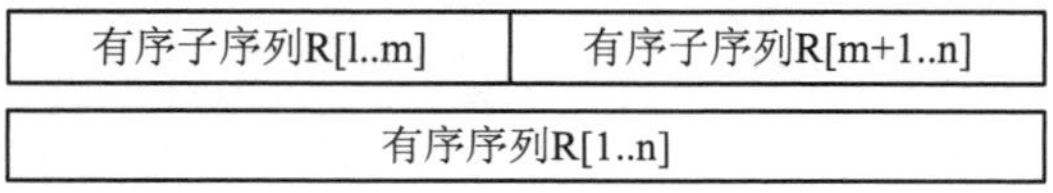

有序子序列R[l..m]	有序子序列R[m+1..n]
有序序列R[1..n]	

图 8.9　2-路归并排序

归并排序的思想是：假设初始序列含有 n 个记录，则可看作 n 个有序的子序列，每个子序列的长度为 1，然后两两归并，得到 n/2 个长度为 2 或 1 的有序子序列，再两两归并，……，如此重复，直至得到一个长度为 n 的有序序列为止。

例 8.9　待排记录序列为(25，57，48，37，12，92，86)，2-路归并排序每一趟执行后的序列状态如下：

```
初始状态      [25]  [57]  [48]  [37]  [12]  [92]  [86]
第 1 趟归并    [25   57]  [37   48]  [12   92]  [86]
第 2 趟归并    [25   37   48   57] [12   86   92]
第 3 趟归并    [12   25   37   48   57   86   92]
```

算法 8.10(2-路归并排序算法)

```
void Merge (RedType SR[], RedType TR[], int i, int m, int n) {
    // 将有序的 SR[i..m]和 SR[m+1..n]归并为有序的 TR[i..n]
    int j,k;
    for (j=m+1, k=i;  i<=m && j<=n;  ++k) {
        // 将 SR 中记录由小到大地并入 TR
        if (SR[i].key<=SR[j].key) TR[k] = SR[i++];
        else TR[k] = SR[j++];
    }
    if (i<=m)     // TR[k..n] = SR[i..m];   将剩余的 SR[i..m]复制到 TR
        while (k<=n && i<=m) TR[k++]=SR[i++];
    if (j<=n)     // 将剩余的 SR[j..n]复制到 TR
        while (k<=n &&j <=n) TR[k++]=SR[j++];
} // Merge
```

算法 8.11(递归形式的 2-路归并排序算法)

```
void MSort(RedType SR[], RedType TR1[], int s, int t) {
    // 将 SR[s..t]归并排序为 TR1[s..t]
    int m;
    RedType TR2[20];
    if (s= =t) TR1[t] = SR[s];
    else {
        m=(s+t)/2;                 // 将 SR[s..t]平分为 SR[s..m]和 SR[m+1..t]
        MSort(SR,TR2,s,m);         // 递归地将 SR[s..m]归并为有序的 TR2[s..m]
        MSort(SR,TR2,m+1,t);       // 将 SR[m+1..t]归并为有序的 TR2[m+1..t]
        Merge(TR2,TR1,s,m,t);      // 将 TR2[s..m]和 TR2[m+1..t]归并到 TR1[s..t]
    }
}
void MergeSort(SqList &L) {
    // 对顺序表 L 作归并排序
    MSort(L.r, L.r, 1, L.length);
}
```

实现归并排序需要一个与表等长的辅助元素数组空间。

对于含有 n 个元素的表,将这 n 个元素看作叶结点,若将其两两归并生成的子表看作它们的父结点,则归并过程是一个由叶向根生成一棵二叉树的过程。归并趟数约等于二叉树的高度,即 lb n,每趟归并需移动记录 n 次,故 2-路归并排序的时间复杂度为 O(nlbn)。

8.6   各种内部排序算法性能的比较

1. 时间性能比较

按照平均时间性能来分，有三类排序方法。

(1) 时间复杂度为 O(n lb n)的方法有：快速排序、堆排序和归并排序，其中以快速排序为最好，但快速排序在最坏情况下的时间性能不如堆排序和归并排序。

(2) 时间复杂度为 $O(n^2)$的方法有：直接插入排序、冒泡排序和简单选择排序，其中以直接插入排序为最好，特别是对那些对关键字近似有序的记录序列尤为如此。

当待排记录序列按关键字顺序排序时，直接插入排序和冒泡排序能达到 O(n)的时间复杂度；而对于快速排序而言，这是最不好的情况，此时的时间性能退化为 $O(n^2)$，因此是应该尽量避免的情况。

简单选择排序、堆排序和归并排序的时间性能不随记录序列中关键字的分布而改变。

(3) 时间复杂度为 O(d(n + rd))的方法有基数排序。关于此类排序请读者自行查阅资料。

2. 空间性能比较

空间性能是指排序过程中所需的辅助空间大小。

(1) 所有的简单排序方法(包括直接插入排序、起泡排序和简单选择排序)和堆排序的空间复杂度为 O(1)。

(2) 快速排序的空间复杂度为 O(lb n)，为栈所需的辅助空间。

(3) 归并排序所需的辅助空间最多，其空间复杂度为 O(n)。

3. 排序方法的稳定性能

稳定的排序方法是指，对于两个关键字相等的记录，它们在序列中的相对位置在排序之前和排序之后没有改变。

对于不稳定的排序方法，只要能举出一个实例说明即可。快速排序和堆排序是不稳定的排序方法。

4. 排序方法的时间复杂度的下限

本章讨论的各种排序方法，都是基于"比较关键字"进行排序的排序方法。可以证明，这类排序法可能达到的最快的时间复杂度为 O(nlbn)。可以用一棵判定树来描述这类基于"比较关键字"排序的排序方法。

例 8.10   对三个关键字进行排序的判定树，如图 8.10 所示。

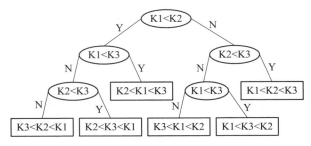

图 8.10   判定树

描述排序的判定树有以下两个特点：

(1) 树上的每一次"比较"都是必要的；

(2) 树上的叶子结点包含所有可能的情况。

如图 8.10 所示，"判定树的深度为 4"可以推出"至多进行三次比较"即可完成对三个关键字的排序。反过来说，由此判定树可见，考虑到最坏情况，"至少要进行三次比较"才能完成对三个关键字的排序。 对三个关键字进行排序的判定树，其深度是唯一的，即无论按什么先后顺序去比较，所得判定树的深度都是 3。当关键字的个数超过 3 之后，不同的排序方法其判定树的深度不同。例如，对 4 个关键字进行排序时，直接插入的判定树的深度为 6，而折半插入的判定树的深度为 5。可以证明，对 4 个关键字进行排序，至少需进行 5 次比较。因为，4 个关键字排序的结果有 4!=24 种可能，即排序的判定树上必须有 24 个叶子结点，其深度的最小值为 6。

$$\lceil lb(n!) \rceil \approx nbn$$

所以，基于"比较关键字"进行排序的排序方法，可能达到的最快的时间复杂度为 O(nlbn)。

小　　结

排序在程序设计中经常应用，其主要目的就是提高数据的处理效率。排序的主要知识点如图 8.11 所示。

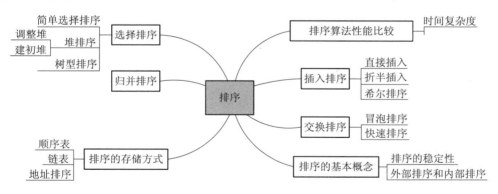

图 8.11　排序的主要知识点

习　　题

思政学习与探究

一、选择题

1. 执行一趟快速排序能够得到的序列是(　　)。

A. [41，12，34，45，27] 55 [72，63]　　　B. [45，34，12，41] 55 [72，63，27]

C. [63，12，34，45，27] 55 [41，72]　　　D. [12，27，45，41] 55 [34，63，72]

2. 设一组权值集合 W={2，3，4，5，6}，则由该权值集合构造的哈夫曼树中带权路径长度之和为(　　)。

A. 20　　　　　　　B. 30　　　　　　　C. 40　　　　　　　D. 45

3. 设一组初始记录关键字序列为(45，80，55，40，42，85)，则以第一个记录关键字 45 为基准而得到一趟快速排序的结果是(　　)。

A. 40，42，45，55，80，83　　　　　B. 42，40，45，80，85，88

C. 42，40，45，55，80，85　　　　　D. 42，40，45，85，55，80

4. 设一组初始记录关键字序列为(25，50，15，35，80，85，20，40，36，70)，其中含有 5 个长度为 2 的有序子表，则用归并排序的方法对该记录关键字序列进行一趟归并后的结果为(　　)。

A. 15，25，35，50，20，40，80，85，36，70

B. 15，25，35，50，80，20，85，40，70，36

C. 15，25，35，50，80，85，20，36，40，70

D. 15，25，35，50，80，20，36，40，70，85

二、应用题

1. 用希尔排序方法对 {49 38 65 97 76 13 27 49 55 04} 序列进行排序。

2. 用树型选择排序方法对 {50 39 66 98 77 14 28 50} 序列进行排序。

3. 利用大顶堆排序方法对 {40，55，49，73，12，27，98，81，64，36} 序列进行排序。

4. 输出小顶堆 {13，38，27，50，76，65，49，97} 的堆顶元素，并写出调整建堆的过程。

实　　验

1. 实验目的

熟练掌握顺序存储结构排序算法。

2. 实验任务

设计一个学生信息查询管理系统。学生信息包含每个小组的学生的学号、姓名、英语成绩、数学成绩信息，能按学号、英语或数学成绩进行排序。

3. 输出格式

输出排序后的学生的学号、姓名、英语成绩和数学成绩。

输出示例：

学号 179324, 姓名张三, 英语 100,　数学 89

学号 179325, 姓名李四, 英语 90, 数学 86

学号 179326, 姓名王刚, 英语 92, 数学 100

学号 179327, 姓名张平, 英语 92, 数学 99

学号 179328, 姓名赵方, 英语 88, 数学 95

(1) 元素的 C 语言描述。

```
#define number   key              //学号、英语成绩或数学成绩作为关键字
```

```
typedef struct                              //数据元素类型
{   int number;                             //学号
    char name[9];                           //姓名
    int english;                            //英语成绩
    int math;                               //数学成绩
} RcdType;
```

(2) 顺序存储的 C 语言描述。

```
typedef struct
{
    RcdType *elem;                          //数据元素存储空间基址
    int length;                             //表长
}SqList;
```

(3) 顺序存储结构下冒泡排序算法的实现。

```
void InsertSort(SqList &L)                  //对顺序表 L 作直接插入排序
{ int i,j;
    for(i=2; i<=L.length; ++i)
    if (L.elem[i].key<L.elem[i-1].key)
      { L.elem[0]=L.elem[i];                //复制为哨兵
        for(j=i-1; L.elem[0].key<L.elem[j].key;--j)
        L.elem[j+1]=L.elem[j];             //记录后移
        L.elem[j+1]=L.elem[0];             //插入到正确位置
      }
}
void BubbleSort(SqList &L)                  //冒泡排序
{   int i, j;
    RcdType t;
    int change;
    for(i=L.length-1, change=1; i>1&&change; --i)
    {   change=0;
        for(j=0; j<i; ++j)
        if(L.elem[j].key>L.elem[j+1].key)
        {
            t=L.elem[j];
            L.elem[j]=L.elem[j+1];
            L.elem[j+1]=t;
            change=1;
        }
    }
}
```

(4) 在主程序中建立学生信息表，并检验排序算法是否正确。

```
#include <stdio.h>
#define N 20
void print(SqList L)                                //输出学生信息函数
{   int i;
    for(i=0;i<L.length;i++)
    {
        printf("学号%d, 姓名%s, 英语%d, 数学%d", L.elem[i].number,
                L.elem[i].name, L.elem[i].english, L.elem[i].math);
        printf("\n");}
}
int main()
{   ElemType r[N]={{179324,"张三",100,89},
                   {179325,"李四",90,86},
                   {179326,"王刚",92,100},
                   {179327,"张平",92,99},
                   {179328,"赵方",88,95}};        //学生信息表
    SqList L;
    L.elem=r;
     L.length=5;//
    BubbleSort(L);              //对学生信息表按英语成绩排序或调用直接插入排序
    print( L);                  //输出排序后的学生信息
return 0;
}
```

附录　习题答案及详解

第 1 章

一、判断题(略)

二、选择题(略)

三、简答题

1. **数据元素**：数据元素是数据的基本单位，有时也被称为元素、结点、顶点、记录等。在计算机程序中通常被作为一个整体进行考虑和处理。一个数据元素可由若干个数据项组成。

数据项：数据项是不可分割的、含有独立意义的最小数据单位。

数据结构：数据结构是相互之间存在一种或多种特定关系的数据元素的集合。

数据类型：数据类型是编程语言中为了对数据进行描述的定义(因为机器不能识别数据，而不同数据间的相互运算在机器内部的执行方式是不一样的，这就要求用户先定义数据的特性再进行其他操作，这里的特性也就是数据类型)。

抽象数据类型：抽象数据类型是指一个数学模型及定义在该模型上的一组操作。它可以看作数据的逻辑结构及在此结构上定义的一组操作。

一个含抽象数据类型的软件模块通常应包含定义、表示和实现三个部分。

抽象数据类型和数据类型实质是同一个概念。例如，整数类型是一个 ADT，其数据对象是指能容纳的整数，基本操作有加、减、乘、除和取模等。

数据逻辑结构：在任何问题中，数据元素之间都不是孤立的，而是存在着一定的关系，这种"关系"叫数据逻辑结构。

数据存储结构：数据结构在计算机中的具体存储(又称映像)称为数据的物理结构，又称存储结构。它包括数据元素的表示和逻辑关系的表示。

数据的逻辑结构和存储结构是密切相关的两个方面，任何一个算法的设计取决于数据的逻辑结构，而算法的实现则依赖于所采用的存储结构。

算法：算法是对某一特定类型问题的求解步骤的一种描述，是指令的有限序列，其中每条指令表示一个或多个操作。

2. 简单地说，数据结构是一门研究在非数值计算的程序设计问题中，计算机的操作对象以及它们之间的关系和操作等的学科。

数据结构是相互之间存在一种或多种特定关系的数据元素的集合，是计算机存储、组织数据的方式。通常情况下，精心选择的数据结构可以带来更高的运行效率或者存储效率。

数据结构往往与高效的检索算法和索引技术有关。

3. 集合及其线性结构、树型结构和图状结构的逻辑示意图如附图 1-1 所示。

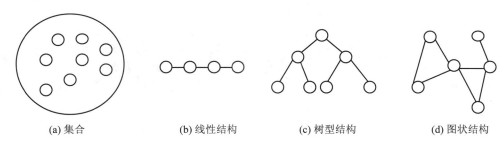

(a) 集合   (b) 线性结构   (c) 树型结构   (d) 图状结构

附图 1.1

4. 一个算法的时间复杂度 T(n)是指该算法的运行时间(T)与问题规模(n)的对应关系。

通常把算法中基本操作重复执行的次数(频度)作为算法的时间复杂度，算法中基本操作语句的频度是问题规模 n 的某个函数 f(n)，记作 T(n)=O(f(n))。

其中"O"表示随问题规模 n 的增大，算法执行时间的增长率和 f(n)的增长率相同，"O"符号表示数量级的概念。

算法中的基本操作一般是指算法中最深层循环内的语句。

第 2 章

一、选择题(略)

二、简答题

1. **线性表**：线性表是最简单、最基本、最常用的数据结构。线性表是线性结构的抽象，线性结构的特点是结构中的数据元素之间存在一对一的线性关系。这种一对一的关系是指数据元素之间的位置关系。

顺序表：顺序表是指用地址连续的存储单元顺序存储线性表中的各个数据元素，逻辑上相邻的数据元素在物理位置上也相邻。

头指针：单链表的头指针指向头结点。

头结点：在单链表的第一个结点之前附设一个结点，称为头结点。头结点的数据域可以不存储任何信息，也可存储如线性表的长度等附加信息，头结点的指针域存储指向第一个结点的指针(即第一个元素结点的存储位置)。

单链表：单链表是用一组地址任意的存储单元来存储线性表中的数据元素，这组存储单元地址既可以是连续的，也可以是不连续的。

循环链表：带头结点的循环链表是指单链表的最后一个结点的指针域不为空，而是保存头结点的地址，即头指针的值。

双向链表：在单链表结点中设两个指针域，一个保存直接前驱结点的地址，称为 prior，另一个保存直接后继结点的地址，称为 next，这样的链表就是双向链表。

2. 如果顺序表未满且插入的位置正确，则将 a_i~a_n 依次向后移动，为新的数据元素空出位置，并将新的数据元素插入到空出的第 i 个位置上。

　　判断顺序表是否为空和删除的位置是否正确的方法是，表空或删除的位置不正确时不能删除；如果表不空且删除的位置正确，则将 $a_{i+1}\sim a_n$ 依次向前移动，将删除数据元素空出的位置填满。

三、编程题

1. (1) 算法源程序如下：

```
#include"head1-1.h"
#include"mem2-1.cpp"
#include"op2-1.cpp"
#include"stdio.h"
int main()                        //主程序用来验证 x 插入算法的实现
{   int i,La_len;
    SqList La;
    ElemType ai;
    int x;

    InitList(La);                 //构造空的顺序表 La
      for(i=1;i<=10;i++)
        ListInsert(La,i,i);       //构造升序顺序表 Lc=(1,2,3,4,5,6,7,8,9,10)
        La_len=ListLength(La);
    for(i=1; i<=La_len; i++ )
    {                             //La 非空
        GetElem(La, i, ai);
        printf(" %d ", ai);
    }
        printf("\n");

        scanf("%d",&x);           //向变量 x 中输入一个值
        printf("向变量 x 中输入一个值 x=%d\n ",x);

        for(i=1; i<=La_len; i++ )
    {                             //La 非空
        GetElem(La, i, ai);
        if (x<=ai)
        {ListInsert(La, i, x);
           i++;
           break;}
      }
      GetElem(La, La_len, ai);
```

```
        if (x>ai)
            {ListInsert(La, ++La_len, x);}
        La_len=ListLength(La);
        printf("x=%d 插入 La 的结果为:\n",x);
        for(i=1; i<=La_len; i++ )
        {                                      //La 非空
            GetElem(La, i, ai);
            printf(" %d\n ", ai);
        }

        printf("\n");
        return 0;
    }
```

算法的时间复杂度为 O(n)。

(2) 算法源程序如下：

```
    #include"head1-1.h"          //本书第 1 章定义的头文件
    #include"mem2-2.cpp"         //2.2 节定义的链式存储结构
    #include"op2-2.cpp"
    #include"stdio.h"

    int main()                    //用来验证将元素 x 插入到有序表中适当位置的算法实现
    {int i,x,La_len;
    LinkList La;
    ElemType ai;
    InitList(La);                 //构造空的单链表 La
    for(i=1; i<=10; i++)
        ListInsert(La, i, i);     //构造升序单链表 La=(1,2,3,4,5,6,7,8,9,10)
      La_len=ListLength(La);
     for(i=1; i<=La_len; i++ )
     {                            //La 非空
        GetElem(La, i, ai);
        printf(" %d ", ai);
     }
        printf("\n");
        scanf("%d",&x);           //向变量 x 中输入一个值
      printf(" 向变量 x 中输入一个值 x=%d\n ",x);
      La_len=ListLength(La);
      for(i=1; i<=La_len; i++ )
     {        //La 非空
```

```
            GetElem(La, i, ai);
            if (ai>=x)
              {ListInsert(La, i, x);
                i++;
                break;}
          }
          GetElem(La, La_len, ai);
          if (x>ai)
              {ListInsert(La, ++La_len, x);}
          La_len=ListLength(La);
          printf("x=%d 插入 La 的结果为:\n",x);
          for(i=1; i<=La_len; i++ )
          {                                        //La 非空
            GetElem(La, i, ai);
              printf(" %d\n ", ai);
          }
          printf("\n");

      return 0;
      }
```

算法的时间复杂度为 O(n)。

2. 算法源程序如下：

```
      #include"head1-1.h"
      #include"mem2-1.cpp"
      #include"op2-1.cpp"
      #include"stdio.h"


      void max(SqList &L)
      {   int i,L_len;
          int ai,max=0,min=0;
          L_len=ListLength(L);
      for(i=1; i<=L_len; i++ )
        {                                          //La 非空
            GetElem(L, i, ai);
            if(max<=ai)
              max=ai;
            if(min>=ai)
              min=ai;
        }
```

```
            printf(" 最大值 max=%d,最小值 min=%d ", max,min);
        }
        int main()                          //主程序用来验证 x 插入算法的实现
        {   int i,La_len;
            SqList La;
            InitList(La);                    //构造空的顺序表 La
            for(i=0;i<10;i++)
                ListInsert(La,i,i);          //构造升序顺序表 Lc=(0,1,2,3,4,5,6,7,8,9)
            La_len=ListLength(La);
            max(La);
            printf("\n");
            return 0;
        }
```

3．算法源程序如下：

```
#include"head1-1.h"
#include"mem2-1.cpp"
#include"op2-1.cpp"
#include"stdio.h"

void SelectLa(SqList &La, SqList &Lb, SqList &Lc)
{   int i,j=1,k=1,La_len,Lb_len,Lc_len;
    int ai,bi,ci;
    La_len=ListLength(La);
    for(i=1; i<=La_len; i++ )
    {                                        //La 非空
        GetElem(La, i, ai);
       printf("La 中的元素%d\n",ai);
        if(ai>0)
        {ListInsert(Lb,j,ai);
         printf("插入到 Lb 中的第%d 个元素%d\n",j,ai);
         j++;}
        if(ai<0)
      {ListInsert(Lc,k,ai);
         printf("插入到 Lc 中的第%d 个元素%d\n",k,ai);
       k++;
      }
    }
     printf("Lb 中的元素序列");
     Lb_len=ListLength(Lb);
```

```
        for(i=1; i<=Lb_len; i++ )
        {                                      //La 非空
            GetElem(Lb, i, bi);
            printf(" %d ", bi);
        }
         printf("\n");
        printf("Lc 中的元素序列");
         Lc_len=ListLength(Lc);
        for(i=1; i<=Lc_len; i++ )
        {                                      //La 非空
            GetElem(Lc, i, ci);
            printf(" %d ", ci);
        }
         printf("\n");
    }
    int main()                                 //主程序用来验证算法的实现
    {   int i,x,n,La_len,ai;
        SqList La,Lb,Lc;
        InitList(La);                          //构造空的顺序表 La,Lb,Lc
        InitList(Lb);
        InitList(Lc);
         scanf("%d",&n);                        //输入表 La 中元素的个数 n
         for(i=1;i<=n;i++)
        {
          scanf("%d",&x);
            ListInsert(La,i,x);                //构造 n 个元素的顺序表 La=(     )
        }
         La_len=ListLength(La);
        for(i=1; i<=La_len; i++ )
        {                                      //La 非空
            GetElem(La, i, ai);
            printf(" %d ", ai);
        }
        printf("\n");
        SelectLa(La,Lb,Lc);
        printf("\n");
        return 0;
    }
```

4. **顺序表**：内存中地址连续，长度不可变更，支持随机查找，可以在 O(1)内查找元素，适用于需要大量访问元素而少量增添/删除元素的程序。

　　链表：内存中地址非连续，长度可以实时变化，不支持随机查找，查找元素的时间复杂度为 O(n)，适用于需要进行大量增添/删除元素操作，而对访问元素无要求的程序。

　　5. 算法源程序如下：

```c
#include"head1-1.h"
#include"mem2-1.cpp"
#include"op2-1.cpp"
#include"stdio.h"
int main()
{   int i,La_len;
    SqList La;
    ElemType ai;

    InitList(La);                      //构造空的顺序表 La
      for(i=1;i<=10;i++)
        ListInsert(La,i,i);            //构造升序顺序表 Lc=(1,2,3,4,5,6,7,8,9,10)
        La_len=ListLength(La);
    for(i=1; i<=La_len; i++ )
    {                                  //La 非空
       GetElem(La, i, ai);
       printf(" %d ", ai);
    }
       printf("\n");
    return 0;
    }
```

　　6. 算法源程序如下：

```c
#include"head1-1.h"        //本书第 1 章定义的头文件
#include"mem2-2.cpp"       //本节定义的链式存储结构
#include"op2-2.cpp"
#include"stdio.h"

int main()
{int i,La_len;
 LinkList La;
 ElemType ai;
 InitList(La);                     //构造空的单链表 La
 for(i=1; i<=10; i++)
     ListInsert(La, i, i);         //构造升序单链表 Lc=(1,2,3,4,5,6,7,8,9,10)
   La_len=ListLength(La);
```

```
     for(i=1; i<=La_len; i++ )
     {                                          //La 非空
        GetElem(La, i, ai);
        printf(" %d ", ai);
     }
        printf("\n");
   return 0;
   }
```

第 3 章

一、选择题(略)

二、填空题

线性，任意，栈顶即表尾，队尾即表尾，队头即表头。

三、简答题

1. **栈的特点**：操作受限，只能在表的一端进行插入、删除，是先进后出的线性表。

栈的应用非常广泛，在 CPU 内部就提供栈这个机制。函数的调用和返回，数字转字符，表达式求值，迷宫求解，进制转换等问题都具有先进后出的特点，需使用栈结构。在 CPU 内部，栈主要用来进行子程序的调用和返回，中断时数据的保存和返回。在编程语言中，栈主要用来进行函数的调用和返回。可以说在计算机中，只要数据的保存满足先进后出的原理，都优先考虑使用栈，所以栈是计算机中不可缺的机制。

队列的特点：操作受限，只能在表的一端插入，另一端删除，是先进先出的线性表。

队列主要用在和时间有关的地方，特别是在操作系统中，队列是实现多任务的重要机制。如 Windows 中的消息机制就是通过队列来实现的；进程调度也是使用队列来实现的，所以队列也是一个重要机制；此外，字符序列是否回文等问题，只要满足数据的先进先出原理就可以使用队列。

2. 编号分别为 1，2，3，4 的 4 辆列车按序进入站台，4 辆列车开出站台的所有可能顺序至少有 14 种。

(1) 列车全进之后再出的情况，只有 1 种：(4，3，2，1)。

(2) 进 3 辆列车之后再出的情况，有 3 种，(3，4，2，1)；(3，2，4，1)；(3，2，1，4)。

(3) 进 2 辆列车之后再出的情况，有 5 种，(2，4，3，1)；(2，3，4，1)；(2，1，3，4)；(2，1，4，3)；(2，1，3，4)。

(4) 进 1 辆列车之后再出的情况，有 5 种，(1，4，3，2)；(1，3，2，4)；(1，3，4，2)；(1，2，3，4)；(1，2，4，3)。

四、编程题

1. 例 3.2 迷宫问题求解程序如下：

```
#include<malloc.h>                      //malloc()等
#include<limits.h>                      //INT_MAX 等
#include<stdio.h>                       // EOF(=^Z 或 F6),NULL
#include<math.h>                        //floor(),ceil(),abs()
#include<stdlib.h>                      //atoi()
//函数结果状态代码
#define TRUE 1
#define FALSE 0
#define OK 1
#define ERROR 0
#define INFEASIBLE -1
//#define OVERFLOW -2                    //因为在 math.h 中已定义 OVERFLOW 的值为 3，故去掉此行
#define STACK_INIT_SIZE 10              //存储空间初始分配量
#define STACKINCREMENT 2               //存储空间分配增量
#define MAXLENGTH 25                    //设迷宫的最大行列为 25
typedef int MazeType[MAXLENGTH][MAXLENGTH];        //迷宫数组[行][列]
typedef int Status;                    //Status 是函数的类型，其值是函数结果状态代码，如 OK 等
    //全局变量
MazeType m;                            //迷宫数组
int curstep=1;                         //当前足迹,初值为 1
typedef struct                         //迷宫坐标位置类型
{
    int x;                             //行值
    int y;                             //列值
}PosType;
typedef struct                         //栈的元素类型
{
    int ord;                           //通道块在路径上的 " 序号 "
    PosType seat;                      //通道块在迷宫中的 " 坐标位置 "
    int di;   //从此通道块走向下一通道块的 " 方向 " (0～7 表示东，东南，南，西南，西，
              //西北，北，东北)
}SElemType;
    //栈的顺序存储表示
typedef struct SqStack
{
    SElemType *base;                   //在栈构造之前和销毁之后，base 的值为 NULL
    SElemType *top;                    //栈顶指针
    int stacksize;                     //当前已分配的存储空间，以元素为单位
}SqStack;                              //顺序栈
```

```
Status InitStack(SqStack *S)
{      //构造一个空栈 S
    (*S).base=(SElemType *)malloc(STACK_INIT_SIZE*sizeof(SElemType));
    if(!(*S).base)
        exit(OVERFLOW);      //存储分配失败
    (*S).top=(*S).base;
    (*S).stacksize=STACK_INIT_SIZE;
    return OK;
}
Status StackEmpty(SqStack S)
{      //若栈 S 为空栈，则返回 TRUE，否则返回 FALSE
    if(S.top==S.base)
        return TRUE;
    else
        return FALSE;
}
Status Push(SqStack *S,SElemType e)
{                                    //插入元素 e 为新的栈顶元素
    if((*S).top-(*S).base>=(*S).stacksize)   //栈满，追加存储空间
    {
        (*S).base=(SElemType *)realloc((*S).base,((*S).stacksize+
                STACKINCREMENT)*sizeof(SElemType));
        if(!(*S).base)
            exit(OVERFLOW);              //存储分配失败
        (*S).top=(*S).base+(*S).stacksize;
        (*S).stacksize+=STACKINCREMENT;
    }
    *((*S).top)++=e;
    return OK;
}
Status Pop(SqStack *S,SElemType *e)
{  //若栈不空，则删除 S 的栈顶元素，用 e 返回其值，并返回 OK；否则返回 ERROR
    if((*S).top==(*S).base)
        return ERROR;
    *e=*--(*S).top;
    return OK;
}
//定义墙元素值为 1，可通过路径为 0，不能通过路径为-1，通过路径为足迹
Status Pass(PosType b)
```

```
{    //当迷宫 m 的 b 点的序号为 0(可通过路径)，return OK；否则，return ERROR
    if(m[b.x][b.y]==0)
        return OK;
    else
        return ERROR;
}
void FootPrint(PosType a)
{      //使迷宫 m 的 a 点的序号变为足迹(curstep)
    m[a.x][a.y]=curstep;
}
PosType NextPos(PosType c,int di)
{        //根据当前位置及移动方向，返回下一位置
    PosType direc[8]={{0,1},{1,1},{1,0},{1,-1},{0,-1},{-1,-1},{-1,0},{-1,1}};
    //{行增量，列增量} 移动方向，依次为东，东南，南，西南，西，西北，北，东北
    c.x+=direc[di].x;
    c.y+=direc[di].y;
    return c;
}
void MarkPrint(PosType b)
{   //栈的顺序存储表示使迷宫 m 的 b 点的序号变为-1(不能通过的路径)
    m[b.x][b.y]=-1;
}
Status MazePath(PosType start,PosType end)        //算法 3.9
{   //若迷宫 maze 中存在从入口 start 到出口 end 的通道，则求得一条
    // 存放在栈中(从栈底到栈顶)，并返回 TRUE；否则返回 FALSE
    SqStack S;
    PosType curpos;
    SElemType e;
    InitStack(&S);
    curpos=start;
    do
    {
        if(Pass(curpos))
        {   //当前位置可以通过，即是未曾走到过的通道块
            FootPrint(curpos);                          //留下足迹
            e.ord=curstep;
            e.seat.x=curpos.x;
            e.seat.y=curpos.y;
            e.di=0;
```

```
                    Push(&S,e);                              //入栈当前位置及状态
                    curstep++;                               //足迹加 1
                    if(curpos.x==end.x&&curpos.y==end.y)     //到达终点(出口)
                        return TRUE;
                    curpos=NextPos(curpos,e.di);
              }
            else
          {   //当前位置不能通过
                if(!StackEmpty(S))
              {
                Pop(&S,&e);                                  //退栈到前一位置
                curstep--;
                while(e.di==7&&!StackEmpty(S))               //前一位置处于最后一个方向(东北)
                    {
                            MarkPrint(e.seat);               //留下不能通过的标记(-1)
                            Pop(&S,&e);                      //退回一步
                            curstep--;
                    }
                if(e.di<7)                                   //没到最后一个方向(东北)
                  {
                    e.di++;                                  //换下一个方向探索
                    Push(&S,e);
                curstep++;
                curpos=NextPos(e.seat,e.di);                 //设定当前位置是该新方向上的相邻块
                  }
              }
          }
      }
      }while(!StackEmpty(S));
      return FALSE;
  }
void Print(int x,int y)
{                                                            //输出迷宫的解
    int i,j;
    for(i=0;i<x;i++)
    {
        for(j=0;j<y;j++)
            printf("%3d",m[i][j]);
        printf("\n");
    }
```

```
    }
int main()
{
    PosType begin,end;
    int i,j,x,y,x1,y1;
    printf("请输入迷宫的行数，列数(包括外墙)：\n");
    scanf_s("%d,%d",&x,&y);
    for(i=0;i<y;i++)                          //定义周边值为 1(同墙)
    {
        m[0][i]=1;                           //行周边
        m[x-1][i]=1;
    }
    for(j=1;j<x-1;j++)
    {
        m[j][0]=1;                           //列周边
        m[j][y-1]=1;
    }
    for(i=1;i<x-1;i++)
        for(j=1;j<y-1;j++)
            m[i][j]=0;                       //定义通道初值为 0
    printf("请输入迷宫内墙单元数：\n");
    scanf_s("%d",&j);
    printf("请依次输入迷宫内墙每个单元的行数，列数：\n");
    for(i=1;i<=j;i++)
    {
        scanf_s("%d,%d",&x1,&y1);
        m[x1][y1]=1;                         //定义墙的值为 1
    }
    printf("迷宫结构如下:\n");
    Print(x,y);
    printf("请输入起点的行数，列数：");
    scanf_s("%d,%d",&begin.x,&begin.y);
    printf("请输入终点的行数，列数：");
    scanf_s("%d,%d",&end.x,&end.y);
    if(MazePath(begin,end))                  //求得一条通路
    {
        printf("此迷宫从入口到出口的一条路径如下:\n");
        Print(x,y);                          //输出此通路
    }
```

```
            else
                printf("此迷宫没有从入口到出口的路径\n");
            return 0;
        }
```

第 4 章

一、判断题(略)

二、选择题(略)

三、填空题

(1) 串 a 的长度为 14；

(2) 串 b 是长度为 3 的空格串；

(3) 串 c 是空串，长度为 0；

(4) 串 d 和 e 是串 a 的子串，串 d 在串 a 中的位置是 1，串 e 在串 a 中的位置是 6；

(5) 串 f 不是串 a 中任意个连续的字符组成的序列。

四、编程题

1. 一个简单的行编辑程序的功能是：接收用户从终端输入的程序或数据，并存入用户的数据区。

由于用户在终端上输入时，无法保证不出差错，因此，若在编辑程序中，"每接收一个字符即存入用户数据区"的做法显然不是最恰当的。较好的做法是，设立一个输入缓冲区，用于接收用户输入的一行字符，然后逐行存入用户数据区。允许用户输入出差错，并在发现有误时可以及时更正。

例如，当用户发现刚刚键入的一个字符有错时，可补进一个退格符"#"，以表示前一个字符无效；如果发现当前键入的行内差错较多或难以补救时，则可以键入一个退行符"@"，以表示当前行中的字符均无效。在行首继续输入"#"符号无效。

编程实现源程序如下：

```
#include <stdlib.h>
#include"stdio.h"
#include"head1-2.h"
#include"mem3-1.cpp"
#include"op3-1.cpp"

void LineEdit()
{
    SqStack   s;        //设立一个输入缓冲区 s，接收用户输入的一行字符
    SqStack   s1;       //用户数据区 s1
    InitStack(s);       //初始化栈
    InitStack(s1);
```

```
    printf("输入字符: ");
char ch;
ch=getchar();
 while (EOF!=ch)
 {
     while (EOF!=ch&&'\n'!=ch)
     {
         switch(ch)
         {
         case'#':
             Pop(s,ch);
             break;
         case'@':
             while(!StackEmpty(s))     /* 当栈 s 不空时  */
                 Pop(s,ch);            /* 弹出栈 s 栈顶元素且赋值给 ch */
                 break;
         default:
             Push(s,ch);               //入栈
             break;
         }
         ch = getchar();
     }
     while (!StackEmpty(s))     //当栈 s 不空时，弹出缓冲区，栈 s 栈顶元素入用户数据区 s1
     {
         Pop(s,ch);
         Push(s1,ch);
     }
     while (!StackEmpty(s1))     //当用户数据区 s1 栈不空时，输出用户数据区 s1 的元素 ch
     {
          Pop(s1,ch);
          printf("%c",ch);
     }

     if (ch != EOF)
          ch = getchar();
 }
}
void main()
{
```

```
        LineEdit();
    }
```

结果如下：

Input

输入一个多行的字符序列，但行字符总数(包含退格符和退行符)不大于250。

Output

按照上述说明得到的输出如下：

Sample Input

whli##ilr#e(s#*s)　　outcha@putchar(*s=#++);

Sample Output

while(*s)　　　putchar(*s++);

2. 函数源程序如下：

```
#include"head1-1.h"
#include"mem4-2.cpp"
#include"op4-2.cpp"


/*typedef struct{
    char *ch;
    int length;
}HString;*/
int maxsubstr(HString s,HString t,int b[])            //求 s 和 t 的最长公共子串
{
        int i,j,k,num,maxnum=0,index=0;
        for(i=1;i<=s.length;i++)
        {
          for(j=1;j<=t.length;j++)
          {
              while((s.ch[i]==t.ch[j])&&(j<=t.length))
              {
                  num=0;
                  for(k=0;(s.ch[i+k]==t.ch[j+k])&&((i+k)<=(s.length));k++)
                  {
                      num=num+1;
                  }

                  if(num>maxnum)
                  {
                      index=i;
                      maxnum=num;
                    j=i+num;
```

```
                }
            else
                j++;
            }
        }
    }
    b[0]=maxnum;
    b[1]=index;
    return b[0];
}
int main()
{
    int a[2]={0,0},len,pos;
    char *p="sheisabeautifulgirllovelyaaaaaa ",*q="lovelybeautifulgirlaaaaaaaa";
    HString s1;
    HString s2;
    HString s3;
    InitString(s1); /* HString 类型必需初始化 */
    InitString(s2);
    InitString(s3);
    StrAssign(s1,p);
    StrAssign(s2,q);
    printf("串 s1:");
    StrPrint(s1);
    printf("串 s2:");
    StrPrint(s2);
    len=maxsubstr(s1,s2,a);
    pos=a[1]+1;
    printf("串 s1 和串 s2 的最长公共子串的位序是:%d\n",pos);
    printf("串 s1 和串 s2 的最长公共子串的长度是:%d\n",len);
    SubString(s3,s1,pos,len);
    printf("串 s1 和串 s2 的最长公共子串:");
    StrPrint(s3);
    return 0;
}
```

3. **方法 1**　源程序如下：

```
#include"head1-1.h"
#include"mem4-2.cpp"
#include"op4-2.cpp"
int NumStr(char *S, char *T)        //T 为子串
```

```
{
 int n=0;
 char *p,*r;
 p=S;
 r=T;
 while(*p)
 {
   if(*r==*p)
   {
    r++;
    if(*r=='\0')
    {
      n++;
      r=T;
    }
   }
   p++;
 }
       return n;
}
int main()
 {    int num;
     char *p="My baby is a pretty pretty pretty pretty girl that her name is helen.",*q="pretty";
     HString mot,sub;
     InitString(mot); /* HString 类型必须初始化  */
     InitString(sub);
     StrAssign(mot,p);
     printf("主串 mot 为: ");
     StrPrint(mot);
     StrAssign(sub,q);
     printf("子串 sub 为: ");
     StrPrint(sub);
     num=NumStr(p,q);
     printf("子串 sub 在主串 mot 中出现的次数为%d\n",num);
     return 0;
 }
```

方法 2　源程序如下：

```
#include"head1-1.h"
```

```c
#include"mem4-2.cpp"
#include"op4-2.cpp"
Status NumSubString(HString S,HString T)
{ /* 初始条件：串 S,T 存在，T 是非空串(此函数与串的存储结构无关) */
   /* 操作结果：统计主串 S 中出现的所有与 T 相等的不重叠的子串的个数  */
   int i=1,add=0; /* 从串 S 的第一个字符起查找串 T */
   if(StrEmpty(T)) /* T 是空串  */
     return ERROR;
   do
   {
     i=Index(S,T,i); /* 结果 i 为从上一个 i 之后找到的子串 T 的位置  */
     if(i) /* 串 S 中存在串 T */
     {
       add=add+1;/*计数该串 T */
       i+=StrLength(T); /* 在找到的 T 串后面继续查找串 T */
     }
   }while(i);
   return add;
}
int   main()
{
   int num;
   char *p="My baby is a pretty pretty pretty pretty girl that her name is helen.",*q="pretty";
   HString mot,sub;
   InitString(mot); /* HString 类型必须初始化  */
   InitString(sub);
   StrAssign(mot,p);
   printf("主串 mot 为: ");
   StrPrint(mot);
   StrAssign(sub,q);
   printf("子串 sub 为: ");
   StrPrint(sub);
   num=NumSubString(mot,sub);
   //num=NumStr(p,q);
   printf("子串 sub 在主串 mot 中出现的次数为%d\n",num);
   return 0;
}
```

第 5 章

一、选择题(略)

二、应用题

1. (1) 二叉树如附图 5.1(a)所示。

(2) 二叉树如附图 5.1(b)所示。

(3) 两棵不同的二叉树如附图 5.1(c)所示。

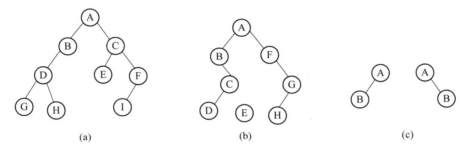

附图 5.1

2. 构造哈夫曼树的过程如附图 5.2 所示。

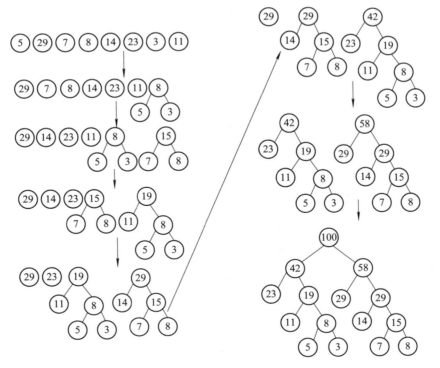

附图 5.2

3. 以字符出现的频率作为各叶结点上的权值，建立哈夫曼树。左分支赋 0，右分支赋 1，得哈夫曼编码(变长编码)，即 C: 000；S: 001；A: 01；T: 10；B: 11。

WPL=2*3+2*3+4*2+3*2+3*2 =32

构造的哈夫曼树如附图 5.3 所示。

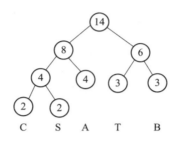

附图 5.3

第 6 章

一、判断题(略)

二、应用题

1. 无向图的邻接矩阵如下：

$$A = \begin{bmatrix} 0 & 1 & 1 & 1 \\ 1 & 0 & 0 & 1 \\ 1 & 0 & 0 & 1 \\ 1 & 1 & 1 & 0 \end{bmatrix}$$

无向图的邻接表如下：

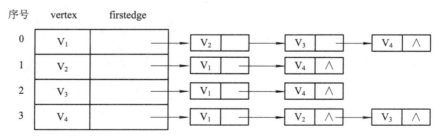

V_1的度=3；V_2的度=2；V_3的度=2；V_4的度=3

2. 有向图的邻接矩阵如下：

$$A = \begin{bmatrix} 0 & 1 & 1 & 1 \\ 0 & 0 & 0 & 1 \\ 0 & 0 & 0 & 1 \\ 0 & 0 & 0 & 0 \end{bmatrix}$$

无向图的邻接表如下：

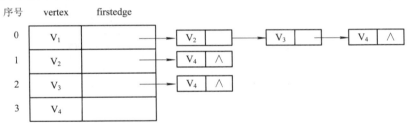

无向图的逆邻接表如下：

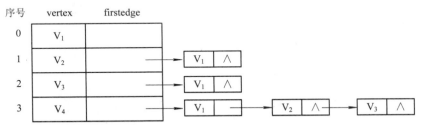

V_1 的出度=3；V_2 的出度=1；V_3 的出度=1；V_4 的出度=0

V_1 的入度=0；V_2 的入度=1；V_3 的入度=1；V_4 的入度=3

3. 从 V_1 出发深度优先遍历：V_1　V_2　V_4　V_5　V_3

　从 V_1 出发广度优先遍历：V_1　V_2　V_5　V_4　V_3

4. 连通分量如附图 6.1 所示。

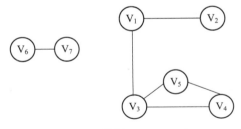

附图 6.1

5. (1) 用普里姆算法得到最小生成树的过程如附图 6.2 所示。

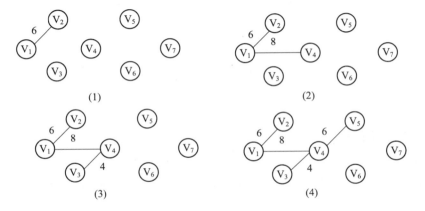

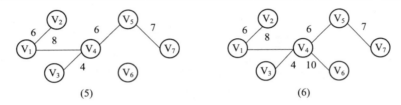

附图 6.2

(2) 用克鲁斯卡尔算法得到最小生成树的过程如附图 6.3 所示。

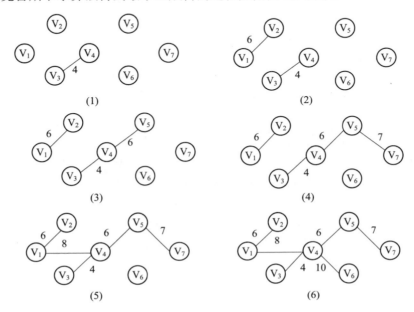

附图 6.3

6. 拓扑排序有序序列为(v_3，v_1，v_4，v_5，v_2，v_3)，过程如附图 6.4 所示。

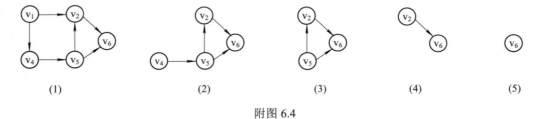

附图 6.4

第 7 章

一、选择题(略)

二、简答题

1. (1) **静态查找**：静态查找是指只在数据结构里查找是否存在关键字等于给定关键字的记录，不改变数据结构。

(2) **静态查找表**：静态查找表的数据结构是线性结构，可以是顺序存储的静态查找表或链式存储的静态查找表。

(3) **平均查找长度**：平均查找长度是指在查找过程中进行的关键字比较次数的平均值，其数学定义为

$$ASL = \sum_{i=1}^{n} p_i c_i$$

其中，p_i 是指要查找的记录出现的概率，c_i 是指在查找相应记录时，需进行的关键字的比较次数。

2. (1) 查找 13 的过程如下：

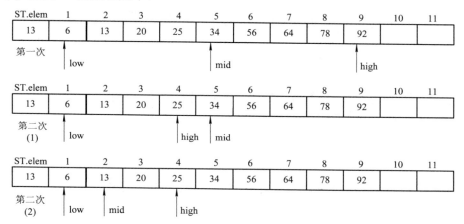

第 1 次比较：low = 1，high = 9，mid = $\lfloor(1+9)/2\rfloor$ = 5，13 < ST.elem[5] = 34，则 high = mid-1 = 4，low 不变。

第 2 次比较：low = 1，high = 4，mid = $\lfloor(1+4)/2\rfloor$ = 2，13 = ST.elem[2] = 13，查找成功。

(2) 查找 55 的过程如下：

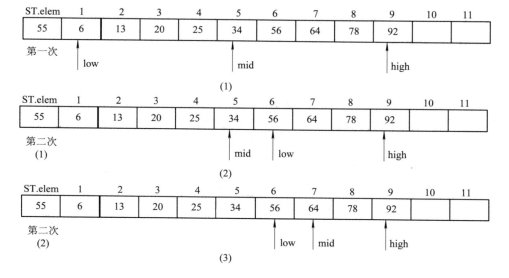

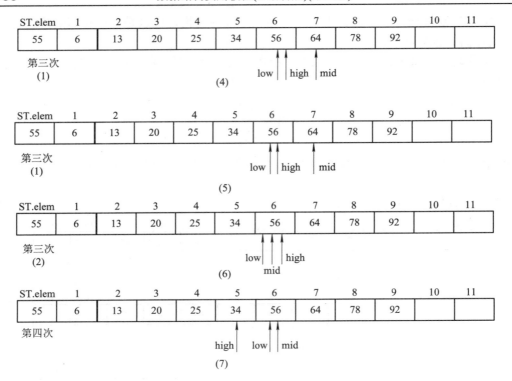

第 1 次比较：low = 1，high = 9，mid = $\lfloor(1+9)/2\rfloor$ = 5，55> ST.elem[5] = 34，则 low = mid +1 = 6，high 不变。

第 2 次比较：low = 6, high = 9, mid = $\lfloor(6+9)/2\rfloor$ = 7, 55 < ST.elem[7] = 64，则 low 不变，high = mid-1 = 6。

第 3 次比较：low = 6, high = 6, mid= $\lfloor(6+6)/2\rfloor$ = 6, 55 < ST.elem[6] = 56，则 low 不变，high= mid-1 = 5。

第 4 次比较，low = 4，high = 5，high<low，查找结束，表示有序表中没有关键字为 55 的记录。

4. (1) 哈希函数为 H(key)=key mod 12，哈希表的内存空间为 12 个存储单元。采用线性探测法处理冲突过程如下：

H(key) = key mod 12 = 37 mod 12 = 1，不冲突，关键字 37 放入 1 号单元。

H(key) = key mod 12 = 7 mod 12 = 7，不冲突，关键字 7 放入 7 号单元。

H(key) = key mod 12 = 32 mod 12 = 8，不冲突，关键字 32 放入 8 号单元。

H(key) = key mod 12 = 29mod 12 = 5，不冲突，关键字 29 放入 5 号单元。

H(key) = key mod 12 = 20 mod 12 =8，冲突，按照处理冲突的方法求下一个哈希地址。

H_1 =(8 + 1)mod 12 = 1，9 号单元没有记录，不冲突。

H(key) = key mod 12 = 28 mod 12 =4，不冲突，关键字 28 放入 4 号单元。

H(key) = key mod 12 = 22 mod 12 =10，不冲突，关键字 22 放入 10 号单元。

H(key) = key mod 12 =15 mod 12 =3，不冲突，关键字 15 放入 3 号单元。

H(key) = key mod 12 = 17 mod 12 =5，冲突，按照处理冲突的方法求下一个哈希地址。

H_1 = (5 + 1)mod 12 = 1，6 号单元没有记录，不冲突。

H(key) = key mod 12 = 23 mod 12 =11，不冲突，关键字 23 放入 11 号单元。

H(key) = key mod 12 = 1 mod 12 =1，不冲突，关键字 1 放入 1 号单元。

H(key) = key mod 12 =9 mod 12 =9，冲突，按照处理冲突的方法求下一个哈希地址。

H_1 = (9 + 1)mod 12 = 10，10 号单元有记录，冲突。

H_2 =(9 + 2)mod 12= 11，11 号单元有记录，冲突。

H_3 =(9 +3)mod 12 = 12，12 号单元没有记录，不冲突。

最后建成的哈希表如附表 7.1 所示。

附表 7.1 采用线性探测法处理冲突的哈希表

0	1	2	3	4	5	6	7	8	9	10	11	12
1	37		15	28	29	17	7	32	20	22	23	9

ASL = $(1 \times 9 + 2 \times 2 + 4 \times 1)/13$ = 17/13

(2) 采用链表法处理冲突过程如下：

H(key) = key mod 12 = 37 mod 12 = 1

H(key) = key mod 12 = 7 mod 12 = 7

H(key) = key mod 12 = 32 mod 12 = 8

H(key) = key mod 12 = 29 mod 12 = 5

H(key) = key mod 12 = 20 mod 12 = 8

H(key) = key mod 12 = 28 mod 12 =4

H(key) = key mod 12 = 22 mod 12 =10

H(key) = key mod 12 =15 mod 12 =3

H(key) = key mod 12 = 17 mod 12 =5

H(key) = key mod 12 = 23 mod 12 =11

H(key) = key mod 12 = 1 mod 12 =1

H(key) = key mod 12 =9 mod 12 =9

按链表法处理冲突的方法，建立的哈希表如附图 7.1 所示。

ASL = $(1 \times 10 + 2 \times 3)/13$ = 16/13

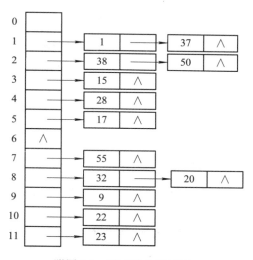

附图 7.1 链表法处理冲突

5. 在哈希表中，发生冲突的可能性主要与哈希函数、装填因子有关。如果用哈希函数计算的地址分布均匀，则冲突的可能性较小；如果装填因子较小，则哈希表较稀疏，发生冲突的可能性也较小。

三、编程题

源程序如下：

```
#include"stdio.h"

#include"malloc.h"
```

```
#define N 5                /* 数据元素个数 */
#define KeyType int        //关键字为 int 型
#define number key         //学号作为关键字
typedef struct            /* 数据元素类型 */
{
  int number;             /* 学号 */
  char name[9];           /* 姓名(4 个汉字加 1 个串结束标志) */
  int politics;           /* 政治 */
  int Chinese;            /* 语文 */
  int English;            /* 英语 */
  int math;               /* 数学 */
  int physics;            /* 物理 */
  int chemistry;          /* 化学 */
  int biology;            /* 生物 */
} ElemType;
typedef struct
{
  ElemType *elem;         /* 数据元素存储空间基址,建表时按实际长度分配,0 号单元留空 */
  int length;             /* 表长度 */
}SSTable;
ElemType r[N]={{179324,"何芳芳",85,89,98,100,93,80,47},
               {179325,"陈红",85,86,88,100,92,90,45},
               {179326,"陆华",78,75,90,80,95,88,37},
               {179327,"张平",82,80,78,98,84,96,40},
               {179328,"赵小怡",76,85,94,57,77,69,44}}; /* 全局变量 */
void print(ElemType c) /* 输出学生信息 */
{
    printf("学号:%-8ld 姓名:%-8s 政治:%4d 语文:%5d 英语:%5d 数学:%5d 物理:%5d 化学:%5d
生物:%5d\n",c.number,c.name,c.politics,c.Chinese,c.English,c.math,c.physics,c.chemistry,c.biology);
}
int Creat_Seq(SSTable &ST,int n)
{ /* 操作结果: 构造一个含 n 个数据元素的静态顺序查找表 ST(数据来自全局数组 r) */
    int i;
    ST.elem=(ElemType *)calloc(n+1,sizeof(ElemType)); /* 动态生成 n 个数据元素空间(0 号单元
                                                        不用) */
    if(!ST.elem)
      return 0;
    for(i=1;i<=n;i++)
      ST.elem[i]=r[i-1]; /* 将全局数组 r 的值依次赋给 ST */
```

```
            ST.length=n;
            return 1;
      }
    int Search_Seq(SSTable ST,KeyType key)
      { /* 在顺序表 ST 中顺序查找其关键字等于 key 的数据元素。若找到，则函数值为
            该元素在表中的位置，否则为 0。*/
        int i;
        ST.elem[0].key=key; /* 哨兵 */
        for(i=ST.length;ST.elem[i].key!=key;--i); /* 从后往前找 */
        return i; /* 找不到时，i 为 0 */
      }
    int Search_Bin(SSTable ST,KeyType key)
      { /* 在有序表 ST 中折半查找其关键字等于 key 的数据元素。若找到，则函数值为
            该元素在表中的位置，否则为 0。*/
        int low,high,mid;
        low=1;                          /* 置区间初值 */
        high=ST.length;
        while(low<=high)
        {
            mid=(low+high)/2;
            if (key=ST.elem[mid].key)       /* 找到待查元素 */
                return mid;
            else if (key<ST.elem[mid].key)
                high=mid-1;             /* 继续在前半区间进行查找 */
            else
                low=mid+1;              /* 继续在后半区间进行查找 */
        }
        return 0;                       /* 顺序表中不存在待查元素 */
      }
    int main()
      {
        SSTable st;
        int i,s;
        Creat_Seq(st,N);                /* 由全局数组产生静态查找表 st */
        printf("学号  姓名  政治 语文 外语 数学 物理 化学 生物 \n");
        printf("折半查找，请输入待查找人的学号: ");
        scanf("%d",&s);
        i=Search_Bin(st,s);             /* 顺序查找 */
        if(i)
```

```
            print(*(st.elem+i));
        else
            printf("没找到\n");
        return 0;
    }
```

第 8 章

一、选择题(略)

二、应用题

1. 待排序列为{49, 38, 65, 97, 76, 13, 27, 49, 55, 04}，步长因子 d 分别取 5、3、1，则排序过程如下所示。

(1) 当 d = 5 时进行排序，如下所示：

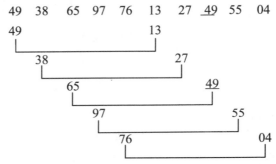

子序列分别为{49，13}、{38，27}、{65，49}、{97，55}、{76，04}，将子序列排序中的数据按由小到大进行插入排序。

第一趟排序结果如下，如下所示：

13　27　<u>49</u>　55　04　49　38　65　97　76

(2) 当 d=3 时再次进行排序，如下所示：

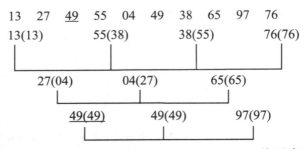

子序列分别为{13,55,38,76}、{27,04,65}、{<u>49</u>，49，97}，将子序列排序中的数据按由小到大进行插入排序，如()里面为排序后的数据。将排序后的数据按照对应的位置写下来，得到第二趟排序结果如下：

13　04　<u>49</u>　38　27　49　55　65　97　76

此时，序列基本"有序"。

(3) 当 d=1 时再次进行排序。进行直接插入排序，得到第三趟排序结果如下：

04　13　27　38　<u>49</u>　49　55　65　76　97

2. 从叶子结点开始，兄弟间两两比较，左边数上升到父结点；再两两比较，直到根结点，产生最大数 98。

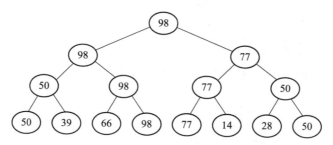

将最大数对应的叶子结点置为最小值 min，再将其与其兄弟比较，大者上升到父结点，兄弟间再比较，直到根结点，产生次大数 77。

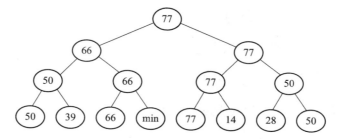

如此循环，产生数列中后序的数值，得到的最终序列为 {98, 77, 66, 50, 50, 39, 28, 14}。

3. (1) 将序列对 {40, 55, 49, 73, 12, 27, 98, 81, 64, 36} 写成完全二叉树的形式如下：

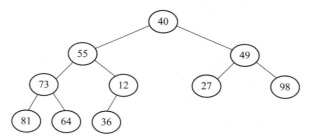

(2) 将此完全二叉树调整成大顶堆(建大顶堆是一个从下向上调整的过程)，如下所示：

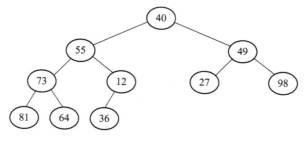

① 调整最后一棵子树，将 12 和 36 互换，使其成为大顶堆，如下所示：

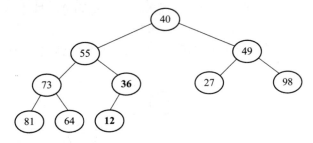

② 调整倒数第二棵子树，使其成为大顶堆，如下所示：

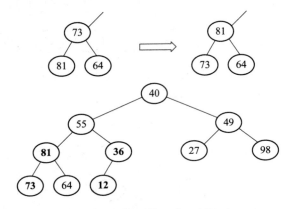

③ 调整倒数第三棵子树，使其成为大顶堆，如下所示：

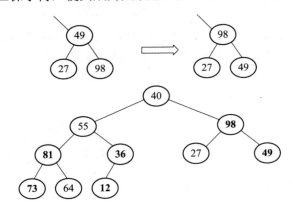

④ 调整以 40 为根结点的子树，使其成为大顶堆，如下所示：

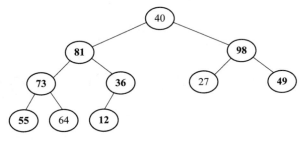

⑤ 调整以 40 为根结点的子树，使其成为大顶堆，如下所示：

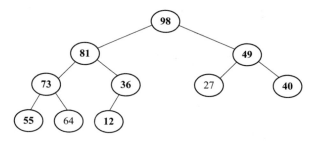

此时，完全二叉树已经调整成一个大顶堆。

(3) 实现堆排序。

输出堆顶元素 98，再将最后元素 12 放入堆顶，重新将其调整为大顶堆，再输出堆顶元素，从而实现大顶堆的排序过程。

4. (1) 写出小顶堆，如下所示：

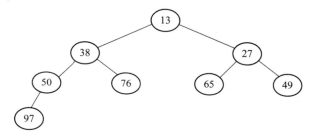

(2) 输出堆顶元素 13，再将最后一个元素 97 代替 13，重新将堆调整成小顶堆，如下所示：

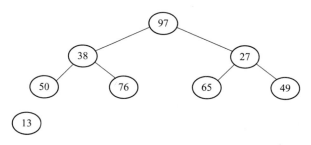

① 将根结点 97 的左右孩子结点的值进行比较，找出较小的值 27。

② 将根结点 97 与其右子女中的较小值 27 交换，如此循环，最终调成小顶堆，如下所示：

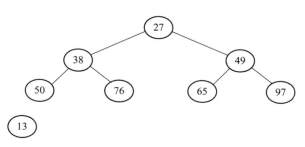

③ 现在其右子树不满足小顶堆。将结点 97 的左右孩子结点的值进行比较，找出小的值 49，结点 97 与其右子女中小的值 49 交换，如下所示：

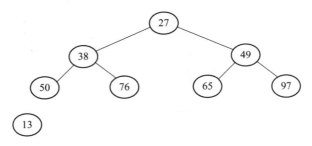

(3) 输出堆顶元素 27，再将最后一个元素 97 代替 27，重新将堆调整成小顶堆，如下所示：

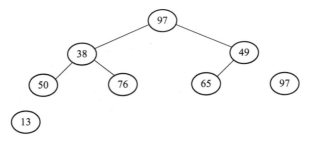

(4) 如此循环实现用小顶堆排序。

参 考 文 献

[1] 严蔚敏，吴伟民. 数据结构(C 语言版). 北京：清华大学出版社，2004.

[2] 高一凡. 数据结构算法实现及解析. 西安：西安电子科技大学出版社，2002.

[3] 张乃孝，裘宗燕. 数据结构：C++ 与面向对象的途径. 北京：高等教育出版社，2000.

[4] THOMAS H C，CHARLES E L, RONALD L R，et al. Introduction to Algorithms，United states. MIT Press.

[5] 张乃孝. 数据结构基础. 北京：北京大学出版社，1991.

[6] ROBERT S. Algorithm in C++. Boston：Addison-Wesley Press，1990.

[7] 谢弗. 数据结构与算法分析(C++). 2 版. 张铭，刘晓丹，译. 北京：电子工业出版社，2002.

[8] 许卓群，等. 数据结构. 北京：高等教育出版社，1987.